マンガでわかる
基礎管理テクニック

めざせ！養豚場の星

MEZASE YOUTONJYOU NO HOSHI

緑書房

矢沢農場

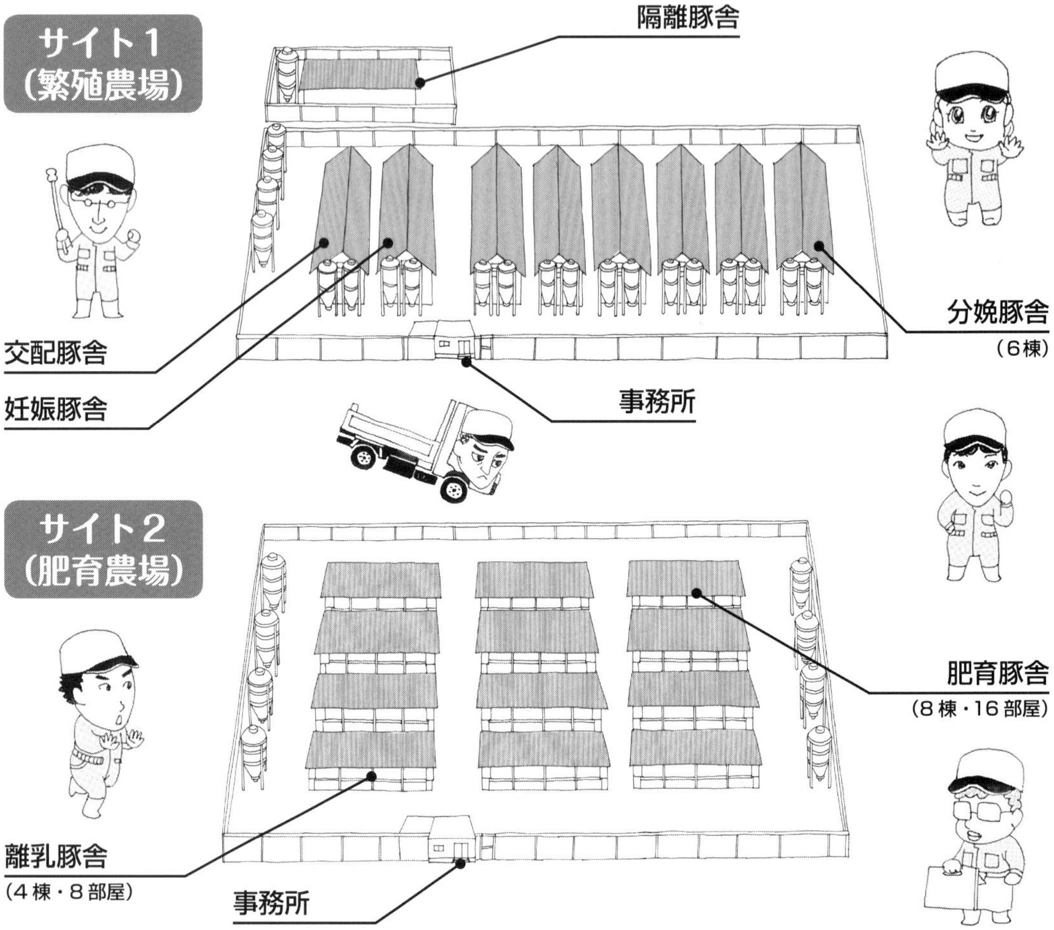

サイト1
(繁殖農場)
隔離豚舎
交配豚舎
妊娠豚舎
分娩豚舎
(6棟)
事務所
サイト2
(肥育農場)
肥育豚舎
(8棟・16部屋)
離乳豚舎
(4棟・8部屋)
事務所

ふん尿処理施設

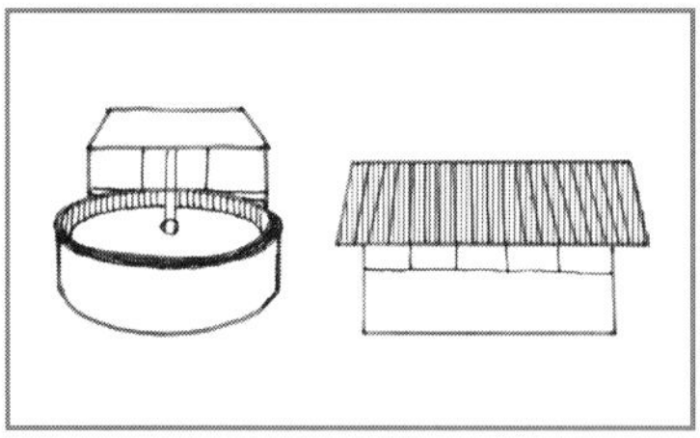

㈱矢沢農場 概要

農　　場：㈱矢沢農場
規　　模：母豚600頭一貫経営
施設の特徴：ツーサイト方式を採用。
サイト1は繁殖・分娩、サイト2は
離乳・肥育の施設を収容している
従　業　員：役員3名、社員6名、パート1名

～㈱矢沢農場 会社沿革～

30年前	先代（現会長）が庭先養豚から規模を拡大し、母豚50頭規模の農場を設立。以降徐々に母豚を増頭
15年前	現社長が代表取締役に就任。これを期に、母豚300頭一貫経営にまで規模拡大
10年前	2サイト方式を導入。サイト2を新設して、母豚600頭一貫経営に拡大。現在に至る

登場人物紹介

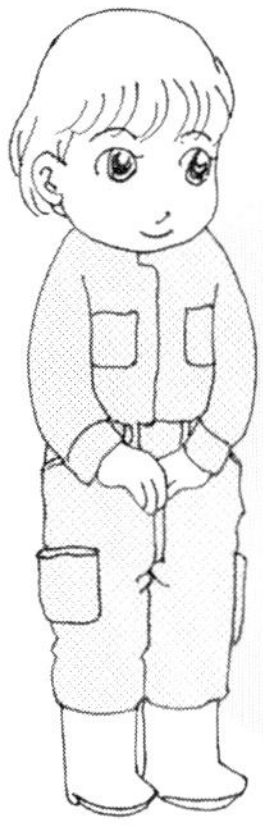

園田さん

地元農業高校出身、19 歳。
動物好きだったので、今年４月に
矢沢農場に入社。分娩担当に。
勘と思い切りの良さは折り紙つ
き。ちょっぴり天然。

川畑くん

農業系大学の畜産学科出身、22 歳。
園田さんと同じく、今年４月矢沢
農場に入社。離乳・肥育担当。
理論派で勉強熱心。考え過ぎて、
ときには先に進めないことも…。

コブタくん

園田さんにしか見えていない謎のコブタ。
困ったときに現れて、養豚のあれこれを
解説してくれる強い味方。

矢沢社長

50 歳。温和だが、一度スイッ
チが入ると熱くなるタイプ。
長男は専務、次男はドイツで豚
肉加工品の修行中。弟は常務。
規模拡大とハム・ソーセージが
食べられるレストランのオープ
ンが夢。

場長

45 歳。入社 20 年のベテラン。
先代のころから勤めており、管
理から営繕までオールマイティ
にこなす。
強面だが、実は優しくて教え上
手。いつも柱の陰から社員の仕
事を見守っている。

星野くん

入社３年目、25 歳。離乳・
肥育担当。
川畑くんが初めての後輩なの
で、指導に熱が入っている。

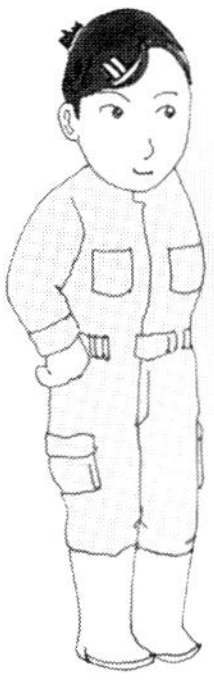

吉永さん

入社５年目、27 歳。
分娩担当。
農場一のしっかり
者。今の目標は 11
頭離乳。

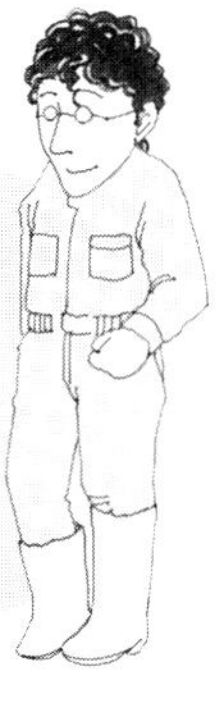

山下さん

入社７年目、32 歳。交配担当。
話し方や行動に独特の間があ
る。緻密な管理が得意で、精
液の採取・管理も１人で行っ
ている。

はじめに

気がつくと、大学を卒業して三十数年経ってしまいました。その間、養豚現場で働いた期間は 20 年に及びます。そもそも私が養豚を志したことに、特別な理由が存在していたわけではありません。大学を卒業したのは第二次オイルショック直後でしたが、そのころ総合商社は食糧の確保に積極的であり、食肉を安定供給するために企業養豚が増加していました。ハイブリッド豚を飼養して国内の育種事業に貢献する商社が出て来たのもこの時代で、「ハイブリッド」という聞き慣れない言葉に、興味と新鮮さを持ったことが始まりでした。

小規模養豚から企業養豚への変革の中にあって、従業員トレーニングやマニュアルといった概念は一切ない時代。経験と試行錯誤で豚を飼うのが養豚家の自慢するところであり、われわれもそれをまねようと必死だったことを覚えています。

その後 1991 年にアメリカのデカルブ社でトレーニングプログラムを学ぶチャンスに恵まれ、約１年間、農場でこのプログラムを経験できたことが、私の養豚への取り組みをより強固にする機会となりました。

帰国後、管理マニュアルを書き上げ、実際にトレーニングプログラムを試験的に農場長クラスの社員で試してみました。ただ養豚の管理をよく知っているはずの彼らでさえ、口頭では何とか説明できても、書面にしようとすると、全くと言っていいほど書けなかったのでした。これには困りました。書面にできないと、指導する側とされる側の意識に食い違いが生じてしまうからです。農場員が同じ意識を持って仕事を進め、社会または会社のルールを守るための１つのツールとして、マニュアルの必要性を改めて感じました。

そこで、専門書や雑誌記事などを引用して管理マニュアルを補うガイドマニュアルを作成したところ、場員のトレーニングや顧客の指導に非常に役立つ存在となりました。

ちょうどそのころ、当時緑書房・養豚界編集部で活躍されていた北川祐子さんと出会い、従業員教育に悩んでいる農場が増えているという話を聞いたことで、何らかの形で応援できればと思い、私が常に参考にしているガイドマニュアルを見てもらいました。そこで、飼養管理を目で見て理解するために、マンガで表現できればという提案を受けたのでした。過去に経験のないことへの挑戦であり、また毎月の連載であったことから、内容や締切日など、彼女もずいぶんと気をもんだことと思います。

ただ実際に連載が始まってみると、従業員教育の講師として勉強会に呼んでいただく機会が増え、潜在的に養豚場で従業員教育が必要とされていたことを実感しました。また原理原則をマンガで表現したことで、幅広い層の方々からご好評をいただき、今般の単行本につながったと思います。

本書では、養豚界連載時の 14 話を基に加筆・修正し、新たにふん尿処理などのトピックスを盛り込んであります。農場員のトレーニングに役立つ１冊になったと確信しております。

１年半もの長きにわたり連載できたこと、またこの本が完成したのも、編集部各位の支えと、原案に奥行きを与えてくださったクシキノアイラさんのご協力あってのものと深謝申し上げます。

2012 年６月
技術士（農業部門）　池田 愼市

目 次

コラム

今年入社した川畑くんと園田さん。
今日は事務所に来ています。
矢沢社長
川畑くん
園田さん

第１話　養豚ってどんな産業？

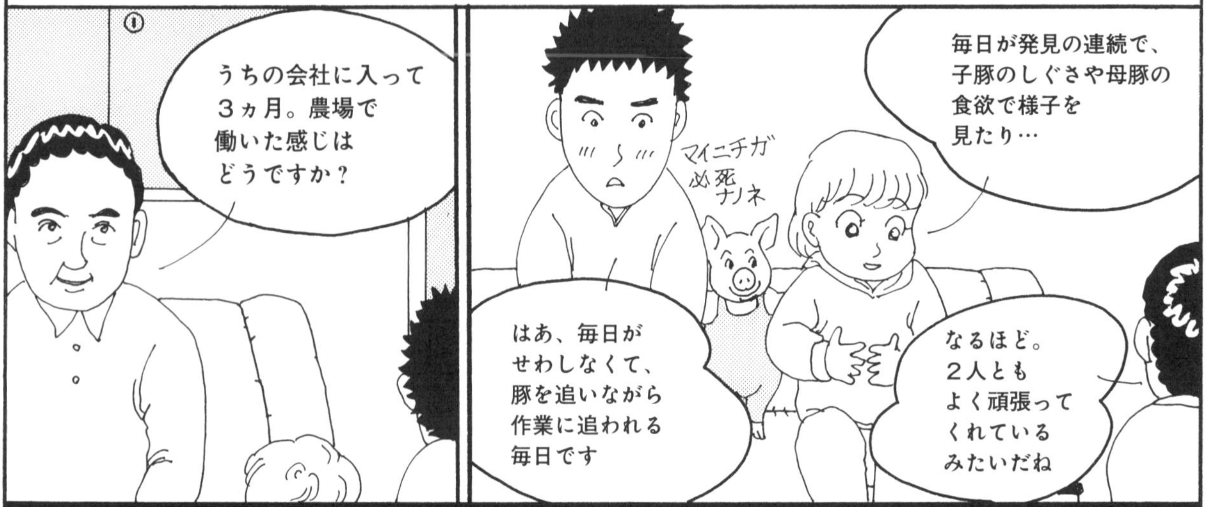
うちの会社に入って
３ヵ月。農場で
働いた感じは
どうですか？
はあ、毎日が
せわしなくて、
豚を追いながら
作業に追われる
毎日です
マイニチガ
必死ナノネ
毎日が発見の連続で、
子豚のしぐさや母豚の
食欲で様子を
見たり…
なるほど。
２人とも
よく頑張って
くれている
みたいだね

＊豚肉と肉豚＊

今日は「養豚」という
産業について、それから
いつも君たちがやっている
農場作業について
少し考えてみよう
君たち、豚肉の料理
はどんなものが
好きかな？
はい、僕は「とんかつ」や
「豚の角煮」が好きです
私は「しょうが焼き」、それと
「豚しゃぶ」。そうそう、
「冷やし豚しゃぶのそうめん」も
ヨカッタナァ～
豚肉っていろいろな料理に
向いているし、
値段も手ごろなので
よく食べる食材
なんですよね
ヨダレが
たれてるヨッ

そう！ 豚肉は身近な食材だね。それに栄養価も高い
ハムやベーコンなどの加工品も良いですね
特にビタミンB_1が多く含まれているので、夏バテなどの疲労回復にとても効くのです
ハア〜
豚肉って人にとって重要な食材（タンパク源）なんですね
そう。だからこそ、タンパク源としての豚肉を供給する養豚業は、社会的に必要な産業なのです
へぇ〜、そうなんですか。全然気にしたことなかったです
ところで、豚肉料理のバリエーションはいろいろあるけど、豚肉の味は正肉の部位や、その育った季節によって違うって知っていたかな？
正肉ってなに？？
はっはあーん、君たちは「正肉」を知らないんだな
豚肉にも部位ごとにナマエがあるんダョ
［豚肉の部位］
カタロース
ロース
ヒレ
ウデ
バラ
モモ
1頭の枝肉から正肉がだいたい54〜55kgとれる、ということは覚えておこう
ちなみに、ロースは約９〜10kg、バラは約11〜12kgとれます
出荷体重がだいたい115kgくらいだから…正肉って意外と少ないんですね
そうなんだ。そう言われてみると、スーパーで売られている豚肉って銘柄とか部位のシールが貼ってあるわ
実際に食べ比べてみると、少しずつ違うんだヨ

＊Farm to Tableとポークチェーン＊

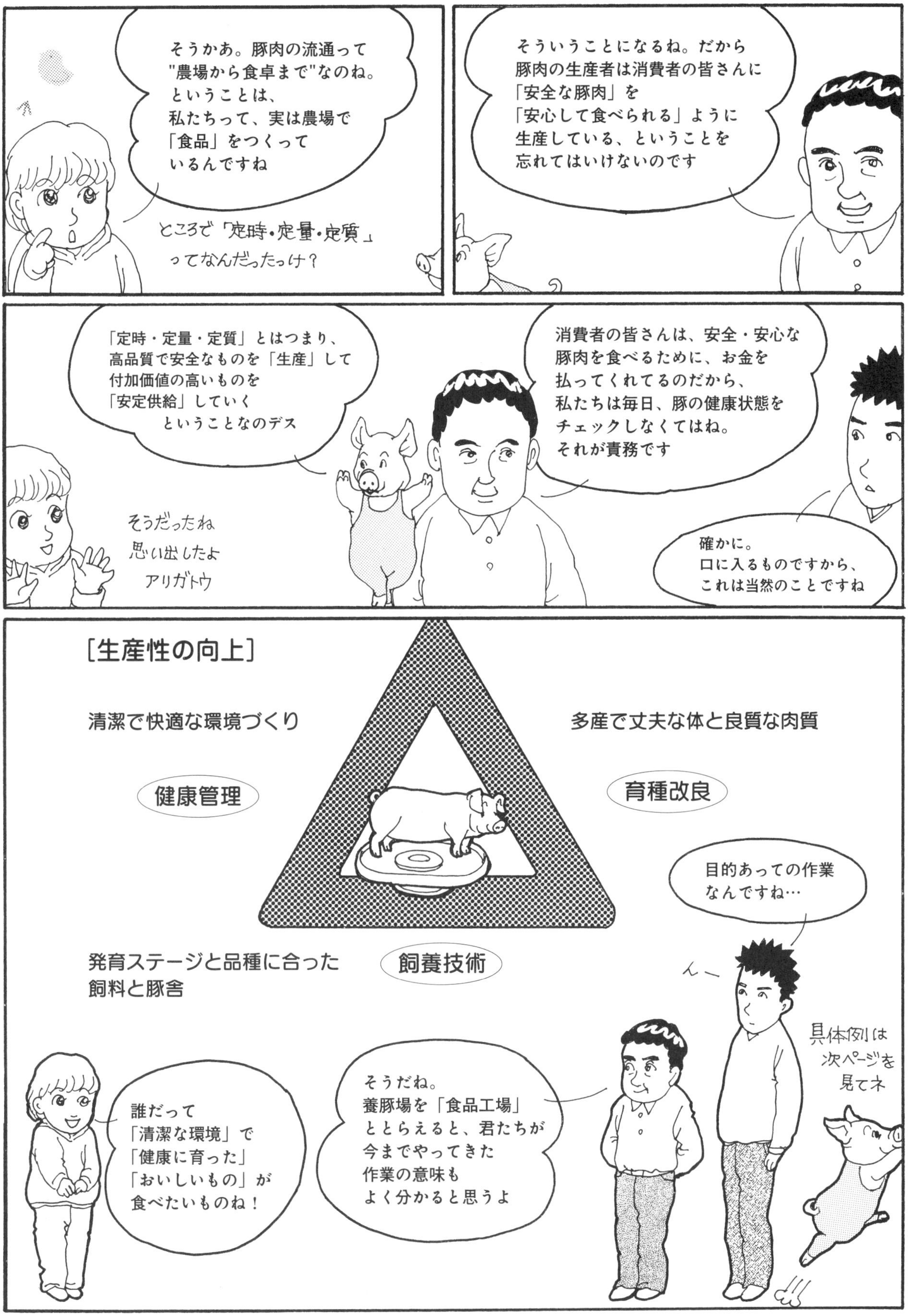

そうかあ。豚肉の流通って"農場から食卓まで"なのね。ということは、私たちって、実は農場で「食品」をつくっているんですね
ところで「定時・定量・定質」ってなんだったっけ？
そういうことになるね。だから豚肉の生産者は消費者の皆さんに「安全な豚肉」を「安心して食べられる」ように生産している、ということを忘れてはいけないのです
「定時・定量・定質」とはつまり、高品質で安全なものを「生産」して付加価値の高いものを「安定供給」していくということなのデス
そうだったね 思い出したよ アリガトウ
消費者の皆さんは、安全・安心な豚肉を食べるために、お金を払ってくれてるのだから、私たちは毎日、豚の健康状態をチェックしなくてはね。それが責務です
確かに。口に入るものですから、これは当然のことですね
[生産性の向上]
清潔で快適な環境づくり
健康管理
多産で丈夫な体と良質な肉質
育種改良
発育ステージと品種に合った飼料と豚舎
飼養技術
目的あっての作業なんですね…
ん〜
具体例は 次ページを 見てネ
誰だって「清潔な環境」で「健康に育った」「おいしいもの」が食べたいものね！
そうだね。養豚場を「食品工場」ととらえると、君たちが今までやってきた作業の意味もよく分かると思うよ

例えば月齢ごとの
体重測定。与えている
飼料が、その豚の発育に
効率良く利用されているか
確認しているんだ
豚舎の洗浄消毒は
豚が病気にならない
ようにするため。
不健康な豚は太らないし、
大きくならないからね
豚の日々の健康を守るには、
日々の変化を見極める観察と、
変化を最小限にとどめる
細やかな管理が必須です
おお！
本当だ！
農場内にいると作業に追われて
気づく暇もなかったです。
どの作業にも１つ１つちゃんと
意味があるんですね。
僕たちはただ豚を育てている
んじゃなくて、
豚を「健康」に育てることが
目的なんだ

＊設備投資と経営努力＊

むん
そう！　その意識で農場の管理を
していって欲しいのです。
適切な環境で豚を管理する
ということは、それ自体が
豚肉を生産する上でのコスト削減
につながるのだからね
アツイネエ
利益を上げて
会社の経営を存続させて
いくためには、
現場の君たちにも
意識してもらう
必要があるのです！
アレ？
そんなこと
言われても…
ねえ
や、すまない。
ちょっと熱くなってしまった。
つまり、経営者の立場としては
会社のためだけではなく、
適切に設備投資して、
現場で働いている君たちにとっても
快適な職場にしていきたい
と思うんだ。
コスト削減といっても、
何も特別なことはないんだ。
君たちの日常業務はどれも、
収益につながっているのだからね
コスト削減？
ええ、分かります
どうしよう。
さっぱり
分からないね
ダイジョーブ
マカセテ

設備投資というのは、作業効率の良い豚舎を建てたり、修理をすることなどです
[設備投資と経営努力]
経営の継続
従業員
設備
経営者
経営の破たん
キャー
経営継続の努力とは、経営者の経営管理だけではなくて、従業員の農場管理という後押しあってのものなのです
何となく分かったような気がします
経営者は先を読んで、従業員は後押し
投資は、ケチっても無駄にかけすぎても良くないんダ。飼料代や資材購入をケチると、ひどいときには生産性まで落ちかねないのデス
社長、先ほどおっしゃっていたコストを下げる日常業務とは、具体的にどんな作業なんですか？
川畑くん、何が収益に結び付くのか考えてみると分かるよ。
ほらさっき話した「適切な管理」と作業の意味についてだよ
!?
いつも現場で話してるでしょ
収益にかかわるもの
産子数
離乳頭数
出荷頭数
１日増体量
飼料要求率
など
「子豚をできるだけ大きくたくさん離乳させる管理」普段現場でよく言われています！
本当だ。「エサこぼれや事故率を減らしてできるだけ多くの肉豚を出荷させる」何も特別なことではないんですね
君たちがやっている仕事１つ１つが、すべて収益につながるんだよ
どれも農場できくコトバだヨネ
とくに餌こぼれには注意！ってよく言われます
とにかく病気にさせないような管理を！とも言われます

さて、今回は
「養豚業界における農場の立場」
と「農場作業の意味」、
「経営努力と作業」について
ざっと話してみましたが
以上を踏まえて、
君たちは
今までやってきた
作業をどう思った
かな？
僕は毎日、どうやったら
うまく作業をこなせるかばかり
考えていましたが、
作業の目的と意味を
しっかりとらえれば、
もっとスムーズに効率良くできる
かなと思いました
私は
いつも感じていることや
思いついたことを、
作業の目的や意味の確認
としてとらえていきたい
と思います
農場管理をする上で、
「動物が好き」というのは当たり前。
ただ好きなだけでは
「責務」も「Farm to Table」も
達成できません
豚が快適に過ごし
健康に育つ環境が大切
なのデス
わが社の社訓は
「Farm to Table」
「定時・定量・定質」
と言いましたよね
うん
うん
うん
おいしいものを食べると
人は笑顔になるし、
ハッピーにもなりますね
君たちも
消費者の皆さんが
笑顔になるように
頑張ってください
ハイ
さっこんどは
農場の中の
おハナシダヨ

第２話　農場に入る前に—5Sの重要性—

繁殖・分娩部門
肥育部門
わが社の農場はツーサイトです。園田さんのいる繁殖・分娩部門の施設、川畑くんのいる離乳から出荷までを収容している施設。それとふん尿処理の施設と３ヵ所に分かれています
入社式でも見たね
先ほど、「養豚家の使命」や「経営理念」について説明したけれど、
養豚家（ストックパーソン）になる以前に、まず「一社会人」としての素養も持っていなければいけません
社長、それって礼儀作法みたいなものですか？ぜひ具体的に教えて欲しいのですが
そう、じゃあ今度は場長にも参加してもらって、「一社会人としての心得」の説明と、職務責任・内容について話し合ってみよう
わ!?場長 いつのまに!!

「一社会人としての心得」、5S（ゴエス）というのを聞いたことがあるかい？
アルバイトしていたときに、一度だけ聞いたことがあります
私はないです
ヨシ、ボクニマカセテ

＊5Sとは？＊

“5S”とは、養豚場に限らず、どの職場でも求められる
社会人としての要素です。
それぞれの頭文字の“S”をとって名付けられています。

①**整理**…いるものといらないものを明確に分類し、いらないものは処分する
②**整頓**…必要なものを必要なときに使えるような状態にしておく。使ったら元に戻す
③**清掃**…汚れが農場内、豚舎内、事務所内にない状態にする
④**清潔**…清掃し、きれいになった状態を保つ。「進行形」であることが大切！
⑤**しつけ**…決められたことを守る習慣をつける。コンプライアンス（法令順守）のほか、
社内で決められたことなども守ること！

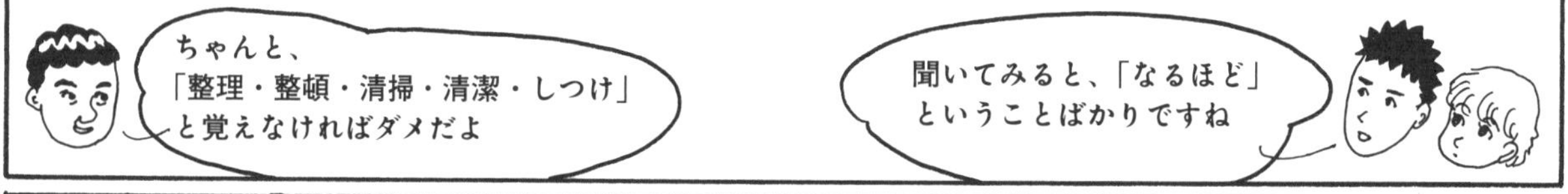

ちゃんと、「整理・整頓・清掃・清潔・しつけ」と覚えなければダメだよ
聞いてみると、「なるほど」ということばかりですね

一度に聞いてもついつい忘れてしまうから、具体的に話していこう
場長
では、パソコンで画像を交えながら説明します
どれどれ

その１：挨拶は自分から。明るく大きな声で

養豚場勤務の人は、どちらかというとおとなしい人が多いようで、大きな声をあまり出しませんね。
朝、上司や同僚に会ったら、大きな声で挨拶をしてみましょう。

それから、豚たちにも同じように「おはよう」と呼び掛けてみよう。そうするとちゃんと挨拶を返してくれるよ。

その２：来客へのマナー

農場内の人はもちろん、お客さまへの挨拶も大切です。
顔を見て“ピョコッ”と頭を下げるだけではダメ！
大きな声と笑顔で、
「こんにちは」、「お疲れさまです」と挨拶しましょう。

その３：エチケット

約束の時間に遅れないことも社会人としては大切です。
ミーティングや全員で行う作業のときには、最低５分前には集合してください。

ちなみに、
うちの農場は朝7：45
からの打ち合せです

それから、
普段から車や通勤用の服装もきれいにしておきましょう。

その４：清掃・清潔
養豚場というのは、豚舎も、そこで働く人も汚れやすいところです。豚に触れる作業なら、なおさらですね。
ムフウ
歯切り
移動
種付カクニン
養豚は掃除が命！
優秀な農場は、農場全体がキレイ
１日中豚舎の中で仕事をしていると、自分の鼻もまひしてきます。においに対して鈍感になると、汚れも気にならなくなってくる。こうなると重症です。農場内汚染の始まり、病気の第一歩になります
ヒー Gがコウシンしてるよ
プ～～ン
おつかれー

＊豚舎と管理棟、事務所の間の移動＊

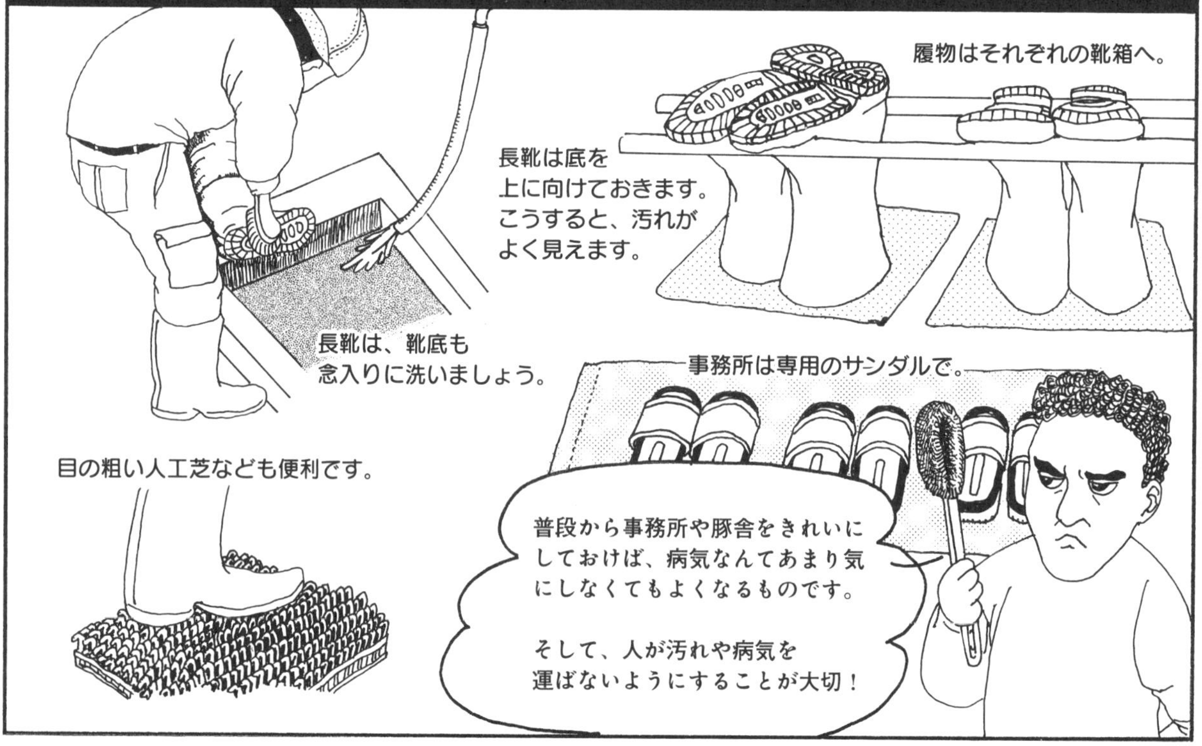
履物はそれぞれの靴箱へ。
長靴は底を上に向けておきます。こうすると、汚れがよく見えます。
長靴は、靴底も念入りに洗いましょう。
事務所は専用のサンダルで。
目の粗い人工芝なども便利です。
普段から事務所や豚舎をきれいにしておけば、病気なんてあまり気にしなくてもよくなるものです。
そして、人が汚れや病気を運ばないようにすることが大切！

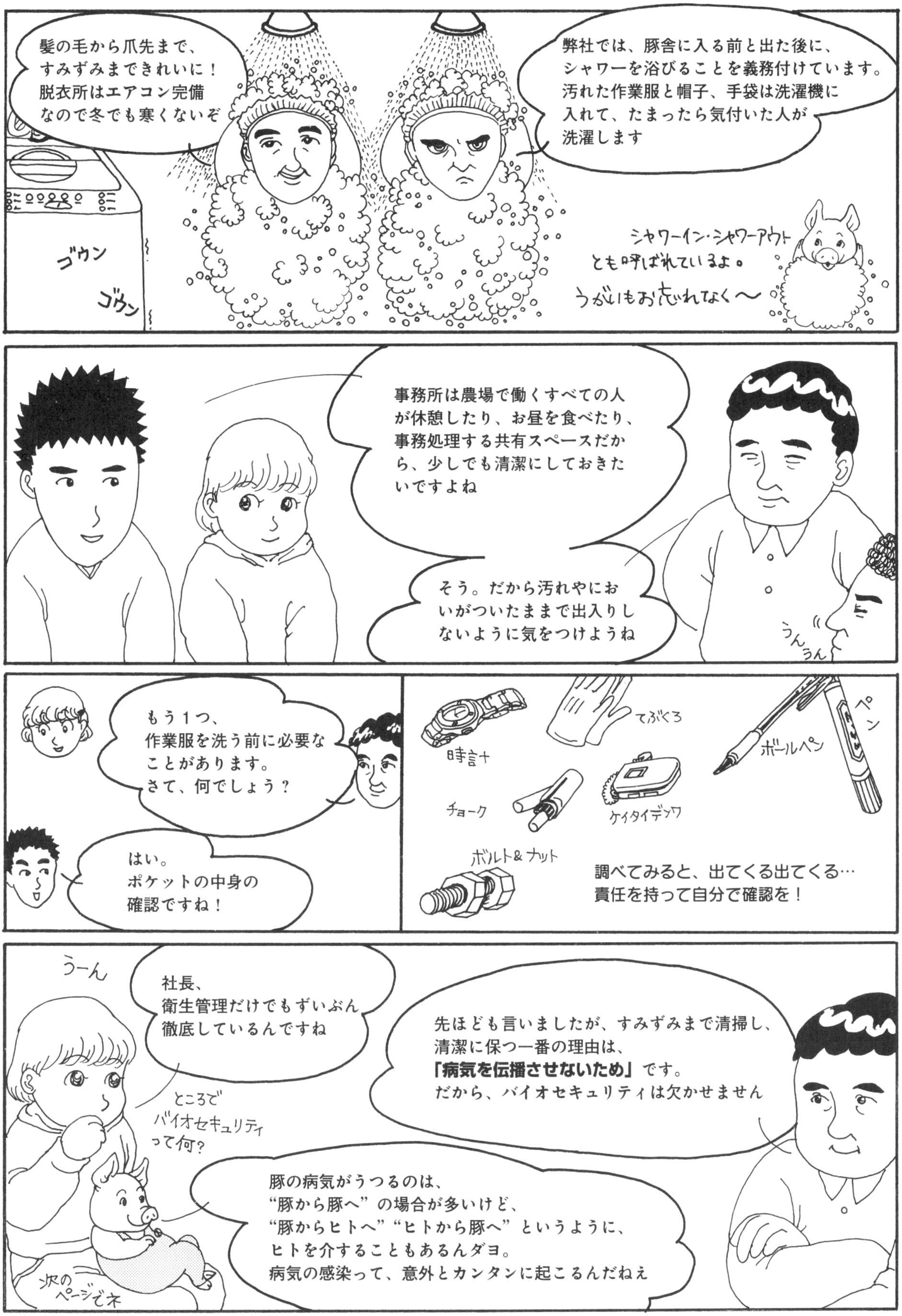

髪の毛から爪先まで、
すみずみまできれいに！
脱衣所はエアコン完備
なので冬でも寒くないぞ
弊社では、豚舎に入る前と出た後に、
シャワーを浴びることを義務付けています。
汚れた作業服と帽子、手袋は洗濯機に
入れて、たまったら気付いた人が
洗濯します
ゴウン
ゴウン
シャワーイン・シャワーアウト
とも呼ばれているよ。
うがいもお忘れなく〜
事務所は農場で働くすべての人
が休憩したり、お昼を食べたり、
事務処理する共有スペースだか
ら、少しでも清潔にしておきた
いですよね
そう。だから汚れやにお
いがついたままで出入りし
ないように気をつけようね
うんうん
もう１つ、
作業服を洗う前に必要な
ことがあります。
さて、何でしょう？
はい。
ポケットの中身の
確認ですね！
時計
てぶくろ
ボールペン
ペン
チョーク
ケイタイデンワ
ボルト&ナット
調べてみると、出てくる出てくる…
責任を持って自分で確認を！
うーん
社長、
衛生管理だけでもずいぶん
徹底しているんですね
先ほども言いましたが、すみずみまで清掃し、
清潔に保つ一番の理由は、
「病気を伝播させないため」です。
だから、バイオセキュリティは欠かせません
ところで
バイオセキュリティ
って何？
豚の病気がうつるのは、
“豚から豚へ”の場合が多いけど、
“豚からヒトへ”“ヒトから豚へ”というように、
ヒトを介することもあるんダヨ。
病気の感染って、意外とカンタンに起こるんだねえ
次の
ページでネ

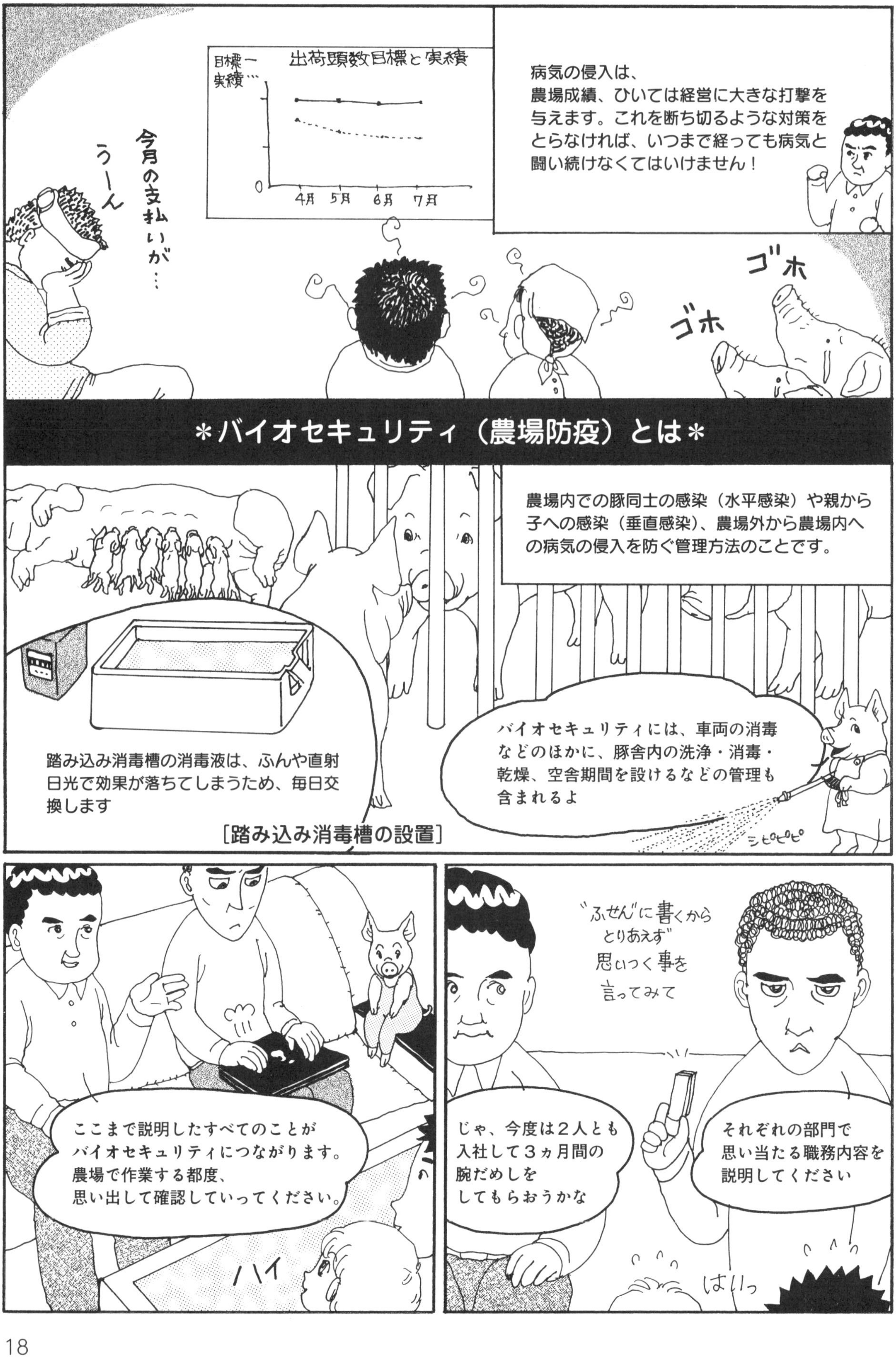

出荷頭数目標と実績

今月の支払いが…
うーん

ゴホ
ゴホ

病気の侵入は、農場成績、ひいては経営に大きな打撃を与えます。これを断ち切るような対策をとらなければ、いつまで経っても病気と闘い続けなくてはいけません！

＊バイオセキュリティ（農場防疫）とは＊

農場内での豚同士の感染（水平感染）や親から子への感染（垂直感染）、農場外から農場内への病気の侵入を防ぐ管理方法のことです。

踏み込み消毒槽の消毒液は、ふんや直射日光で効果が落ちてしまうため、毎日交換します

[踏み込み消毒槽の設置]

バイオセキュリティには、車両の消毒などのほかに、豚舎内の洗浄・消毒・乾燥、空舎期間を設けるなどの管理も含まれるよ

シュピピピ

ここまで説明したすべてのことがバイオセキュリティにつながります。農場で作業する都度、思い出して確認していってください。

ハイ

じゃ、今度は2人とも入社して3ヵ月間の腕だめしをしてもらおうかな

"ふせん"に書くからとりあえず思いつく事を言ってみて

それぞれの部門で思い当たる職務内容を説明してください

はいっ

時間の管理
自己管理
農場の外観
“スケジュール”のつくり方を
よくアドバイスいただきます
［園田さんの回答］
体重測定をするときにはいつも、
それに関連する事項について
話をしています
生産効率
週管理の徹底
施設と器具の管理
MD（Minimal Disease）
［川畑くんの回答］
なるほど。ほとんど挙がっているけど、肝心なものが抜けているな
担当部門での協調
各人の作業の方向性がバラバラだと、生産性や職場環境はうまくいかないぞ
ハイッ！気をつけますっ
それでは職務責任と内容の確認と、2人の具体例を聞いてみよう！
まずはカクニンから
＊職務責任と職務内容＊
職務内容：農場スタッフがすべきこと（具体例）
職務責任：自分の部門で達成しなければならないこと
「計画的な生産」は、繁殖部門なら「分娩」、肥育部門なら「出荷」ですよね
［職務責任］
①豚の健康管理と計画的な生産
農場生産目標の達成と持続
②豚の飼養　三大基本要素の理解
（飼料・水・生活環境）
③すべての豚の観察
三大基本要素を整える
目標に近付けるだけじゃなくて、成績を維持するっていうのも、当たり前だけど大切よね！
「すべての豚の観察」は、繁殖部門では発情確認と交配の作業につながっています
三大基本要素は、適切な「飼料」「水」「生活環境」ってよく社長がおっしゃってますよね
分娩豚舎なら、分娩母豚と子豚を観察して適切な分娩と離乳をさせる、ですね
そういえば…

飼料
水
育種
施設
環境コントロール
疾病コントロール
［養豚のバランス］
飼養の三大基本要素は、飼料・水・環境コントロール
職務責任と職務内容の関係について、入社当時に社長が説明してくれたっけ
「適切な管理」がコマを安定させるんだヨ
時間の管理
アレもコレも…作業がまだまだ残ってるよ どーしよう
アァァー
私、作業のスピードが遅くてよく皆さんに作業を手伝ってもらっていたんですよね
みまわり 10分
えさくれ 34分
水やり
ミルク 12分
それで先輩からアドバイスをいただいて、全部の作業が何分ずつかかるか、毎日記録してみたんです
そうしたら少しずつですが、作業を早くこなせるようになって、最近やっと作業時間に余裕をつくれるようになったんです！やはり段取りって大事だなと思います
よしっ
自己管理 もよく注意されました。特に朝寝坊することがありましたから。電話で起こされたり…
トホホ
のホー
イガイと苦労してるのネ
農場の外観 も、「ゴミはすぐに片付ける！」とよく怒られました
うん、なるほど。入社当時の園田さんは、自己管理が苦手だったな。まあ、だからこそ職務内容としての重要性も今はよく理解しているだろう
次は、川畑くん。君の答えた職務内容について、説明してください
園田
川畑
生産効率 というと、僕はずっと舎内温度の調節で悩んでいます。寒過ぎても暑過ぎても、豚は順調に太ってはくれませんから
ゲホッ
ゲホッ
寒い
うーん
ピチョ
ピチョ
暑い

快適な環境づくりには、
豚の状態を観察するだけ
ではなく、
施設と器具の管理
も必要なのだと思います。
ヘホッ
ヒー
ヘホッ
ひー
例えば空調管理。
カーテンやファンに不具合が
あると、舎内は大変なことに
なってしまいます
ヒホッ
今週の移動頭数
離乳豚舎 入○○頭
出○○頭
肥育豚舎 入○○頭
出○○頭
週管理の徹底
サイト２では、
肉豚の出荷頭数の予測
をするため、
毎日在庫頭数の
変化をにらんでいます
なんで？
在庫頭数を確認することで、
発育の状態も予測できるし、
スケジュール通り豚舎を開けて
洗浄・消毒ができます
豚舎の洗浄・消毒を
しっかりすることは、疾病コントロール
MD（Minimal Disease）にも
関係するからね
あっそうか！
分娩豚舎でも、週ごとの
予定分娩腹数と予定離乳頭数
をチェックして、
分娩豚房の洗浄・消毒予定を
立てているものね
そういうコト
担当部門での協調
ナルホド
２人とも、毎日の作業からいろいろ
学んでいるようだね。
でも作業は個人的に
なってはいけません。
必ず「誰が見ても分かる」作業
を心掛けましょう
そして農場メンバーと
協力しあいながら
作業をする！
よしっ
何だか楽しく
なってきた気がする
申しおくり 園田より △月○日
○分娩ストール○○番 母豚の体温を測り、39度以上
あれば、ペニシリンの注射をして下さい（AM/PM）。
○昨日 夕方の分娩は1腹です（歯切りのみしてあります）。
○分娩ストール○○番 餌食いが少し悪いようです。
餌の残しが多いようでしたら、体温を測って下さい。
○・・・・・・・・・・・・
休日に作業を担当してくれる人
のために、少しでも分かりやすく
状況の説明をしておこうネ

もう一度言います。
5Sや職務責任などは、
厳しいなと感じるかもしれない。
しかしこれは、一社会人として
当然知っておくべきことなのです
私たちは、それぞれが
意識と五感を持っています
自分のためだけでなく
周囲の人たちにも
迷惑をかけないように、
私たちは毎日、
意識と五感を働かせて
仕事をしているのです
ヒトにメイワクを
かけないコトって
あたり前のコトだよネ
仕事をさぼったり、ダラダラする
ということは、担当者に迷惑が
かかるだけじゃなく、成績が
下がることにもなります！
それから経営者や株主
はもとより、私たち
従業員も会社という
組織の一員です
そう！　だから
君たち従業員も、会社を
構成して動かす要素の1つ
なのです。ですから、
会社という事業の成功も
突き詰めれば、
個人の意識や判断能力に
かかわってくるのです
ケケケ
モラル
イヒヒ
自分だけは「特別」
そんなことはありません!!
モラルを守るって
個人個人の
意識のモンダイ
なのね
皆が力を合わせて
共通の目標を達成するためには、
最低限守らなければならない
ルール“モラル”があります
その1つが5Sや
職務責任という
わけですね
アハハー
ヘーキヘーキ
［こんな担当者は困ります］
ブー
場内でのゴミや薬ビンのポイ捨て
死んだ豚の放置
換気不足でアンモニアが充満
している豚舎
通路にこぼした飼料やふんが
たまっている
これは完全に
モラルの欠如だよね
ハイ
小さく見える仕事の1つ1つから、
自分が何をすべきなのか
考えながら日々働いてください

あと、自分の仕事が終了したら、あいさつもなく帰っちゃうっていうのもアルヨネ

Question

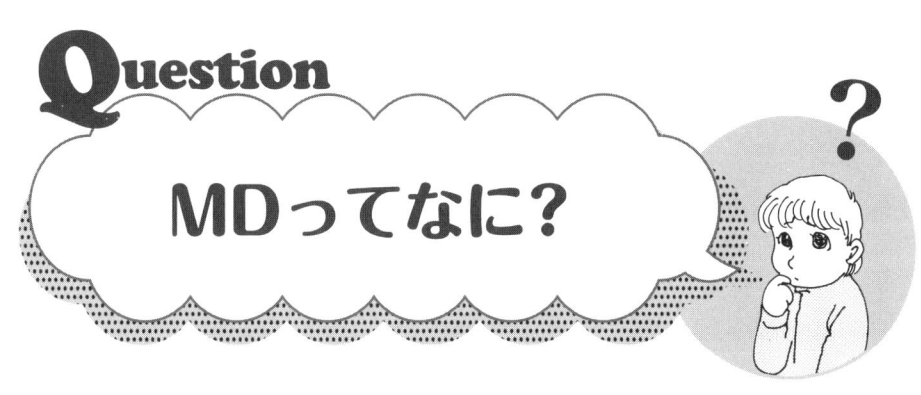

MDってなに？

Answer

MD とは、Minimal Disease（ミニマル・ディジーズ）の略です。つまり、「疾病を最小限に抑える」という意味です。

●ゼロではなく「最小限」に

MD とは、「無病」や「無菌」を指すものではなく、経済的に重大な被害を引き起こす疾病を最小限に抑えて、健康な豚群を維持し、収益を最大にすることを目的とした「衛生管理プログラム」のことです。

●疾病侵入のリスク

すべての農場は、常に外部からの病原体の侵入という危険にさらされています。農場における疾病発生の原因は次の2つに分けられます。

❶豚そのものが病原体を持ち込む場合

〈例〉導入豚、精液

❷豚以外のものにより病原体が持ち込まれる場合

〈例〉

人：従業員・訪問者

物：農場で必要な物品

車両：飼料運搬トラック・豚運搬トラック、営業車

そのほか：害獣・野鳥・害虫など

疾病の予防とは、これらの原因を取り除くこと。つまり、健康で重大な疾病を持っていない候補豚を導入することと、病原体を持ち込ませないための施設・環境を準備・維持することです。

例えば、シャワールームの設置とシャワーイン・シャワーアウトの実施、農場の外周をフェンスで囲い清浄エリアと汚染エリアを区別する、オールイン・オールアウトに必要な設備、踏み込み消毒槽の設置や日常の洗浄・消毒も含まれます。

疾病を「ゼロ」にすることは不可能に近いことです。実際、その必要もないのが現実でしょう。疾病を最小限に抑えることは利益につながりますが、薬剤の乱用は利益を減少させる原因にもなります。疾病と「闘わずして勝つ」ためには、予防に徹することが必要なのです。

第3話 「ツーサイト方式」を理解しよう

ではサイト1、繁殖農場から見ていきます
うちの会社ではツーサイト方式を取り入れていると話しましたね。最初に繁殖農場を見るのは、こちらのほうが日齢の若い子豚がいるためです
具体的に教えてください

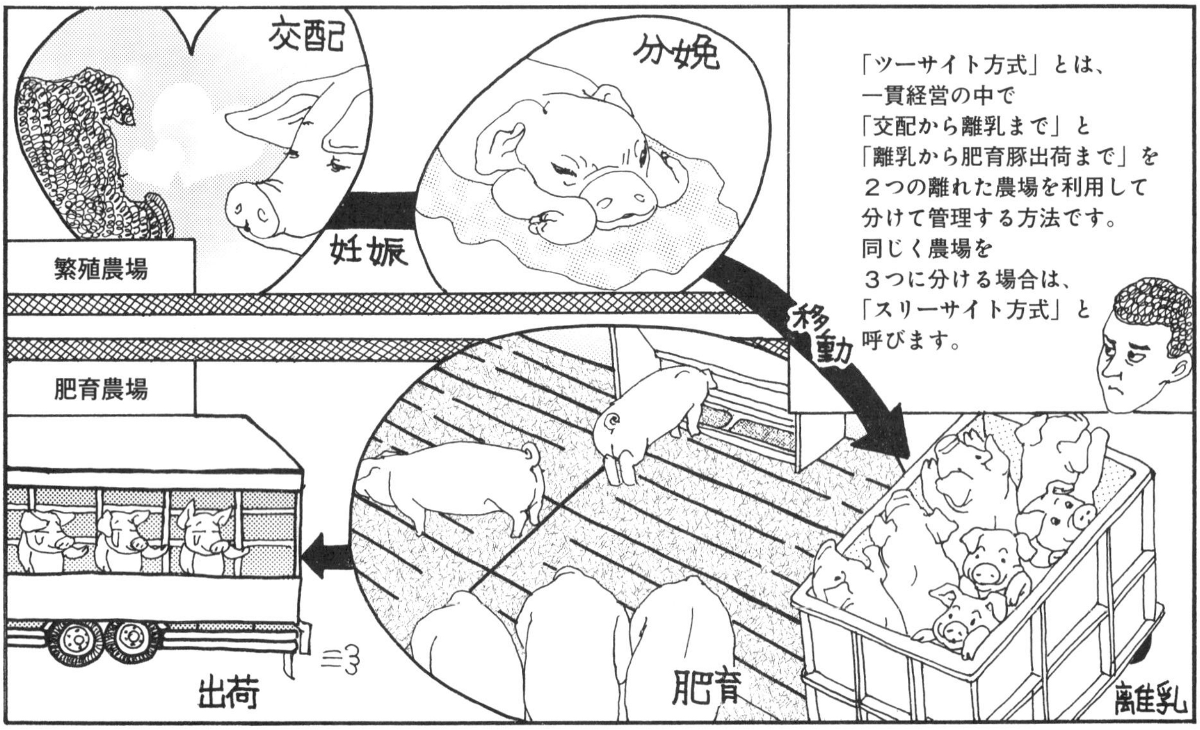
「ツーサイト方式」とは、
一貫経営の中で
「交配から離乳まで」と
「離乳から肥育豚出荷まで」を
２つの離れた農場を利用して
分けて管理する方法です。
同じく農場を
３つに分ける場合は、
「スリーサイト方式」と
呼びます。
繁殖農場
交配
妊娠
分娩
移動
離乳
肥育
出荷
肥育農場

※この農場では繁殖農場を「サイト1」、肥育農場を「サイト2」と呼んでいます。

なるほど。
農場を２つに分けることで、
万が一どちらかに
病気が入っても、
被害を最小限に食い止める
ことができるんですね
ふ〜ん

場長
シャワーとフェンスも
バイオセキュリティの
一環なんですよね？
そうです
それでは、
管理棟でシャワーを浴びて、
中に入ってください

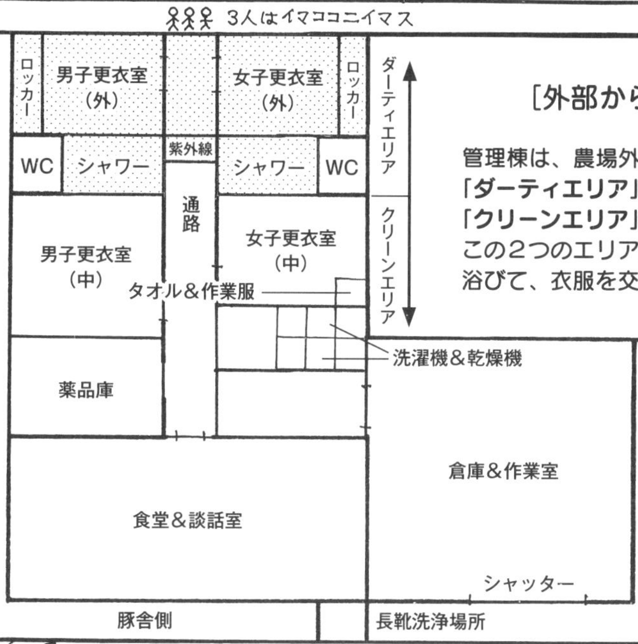
3人はイマココニイマス
ロッカー
男子更衣室
（外）
女子更衣室
（外）
ロッカー
ダーティエリア
WC
シャワー
紫外線
シャワー
WC
通路
男子更衣室
（中）
女子更衣室
（中）
クリーンエリア
タオル＆作業服
洗濯機＆乾燥機
薬品庫
倉庫＆作業室
食堂＆談話室
シャッター
豚舎側
長靴洗浄場所

［外部から病原体を持ち込まないために］

管理棟は、農場外から入ってきてシャワーを浴び終わるまでの「**ダーティエリア**」と、シャワーを浴びた後に立ち入る「**クリーンエリア**」とに分け、区別して使っています。この２つのエリア間での行き来が必要な場合には、シャワーを浴びて、衣服を交換しなければなりません。

貴重品は車に置き、持ち込まないこと！

なくなると、トラブルのもとになるからね。

車のカギも忘れずに
すること！

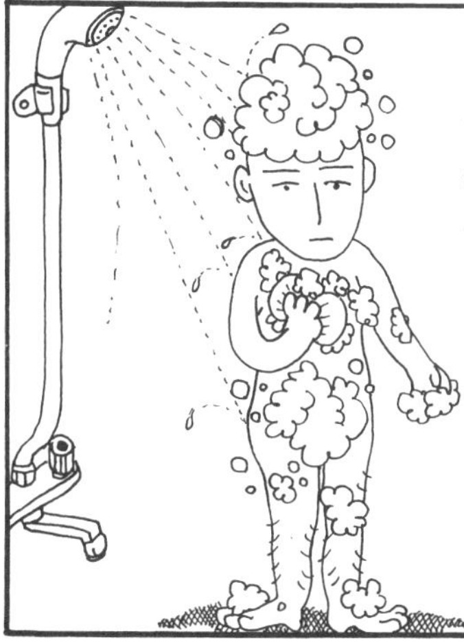

シャワーイン・シャワーアウトは、
前回の説明を思い出してやってみよう！
髪はシャンプー、体はボディソープで、
爪先までしっかり洗います。

＜男子＞使用したタオルは
専用のポリバケツへ
※下着は共用
＜女子＞女子専用の洗濯機へ
※下着は個人別

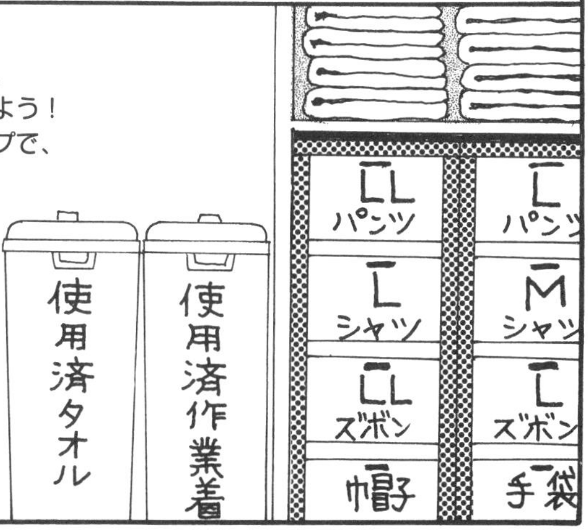
使用済タオル
使用済作業着
LL
パンツ
L
パンツ
L
シャツ
M
シャツ
LL
ズボン
L
ズボン
帽子
手袋

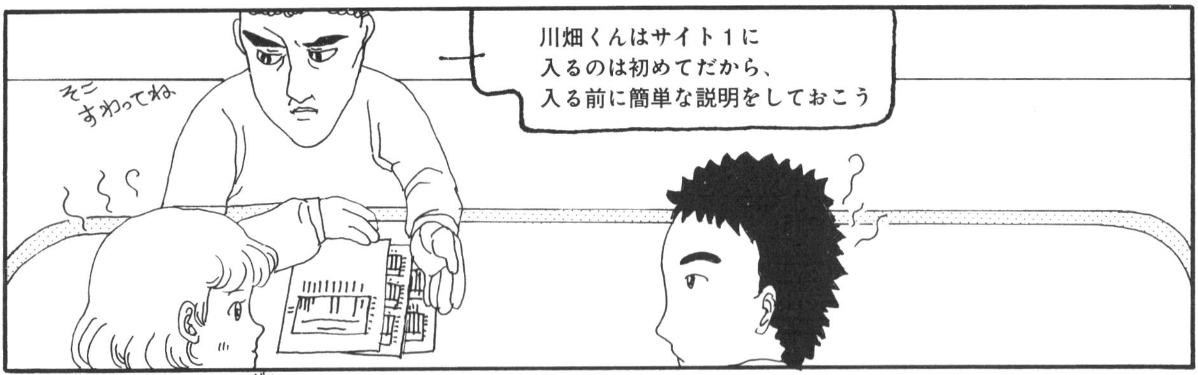
川畑くんはサイト１に
入るのは初めてだから、
入る前に簡単な説明をしておこう
そこ すわってね
フロアガリ

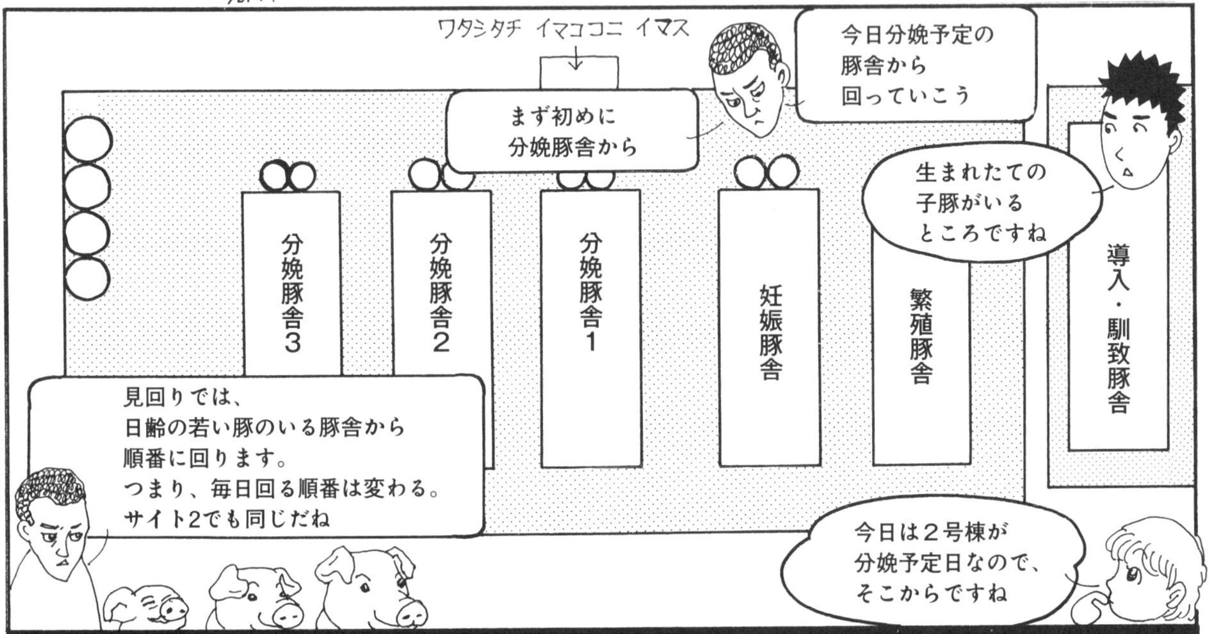
ワタシタチ イマココニ イマス
まず初めに
分娩豚舎から
今日分娩予定の
豚舎から
回っていこう
生まれたての
子豚がいる
ところですね
分娩豚舎3
分娩豚舎2
分娩豚舎1
妊娠豚舎
繁殖豚舎
導入・馴致豚舎
見回りでは、
日齢の若い豚のいる豚舎から
順番に回ります。
つまり、毎日回る順番は変わる。
サイト2でも同じだね
今日は２号棟が
分娩予定日なので、
そこからですね

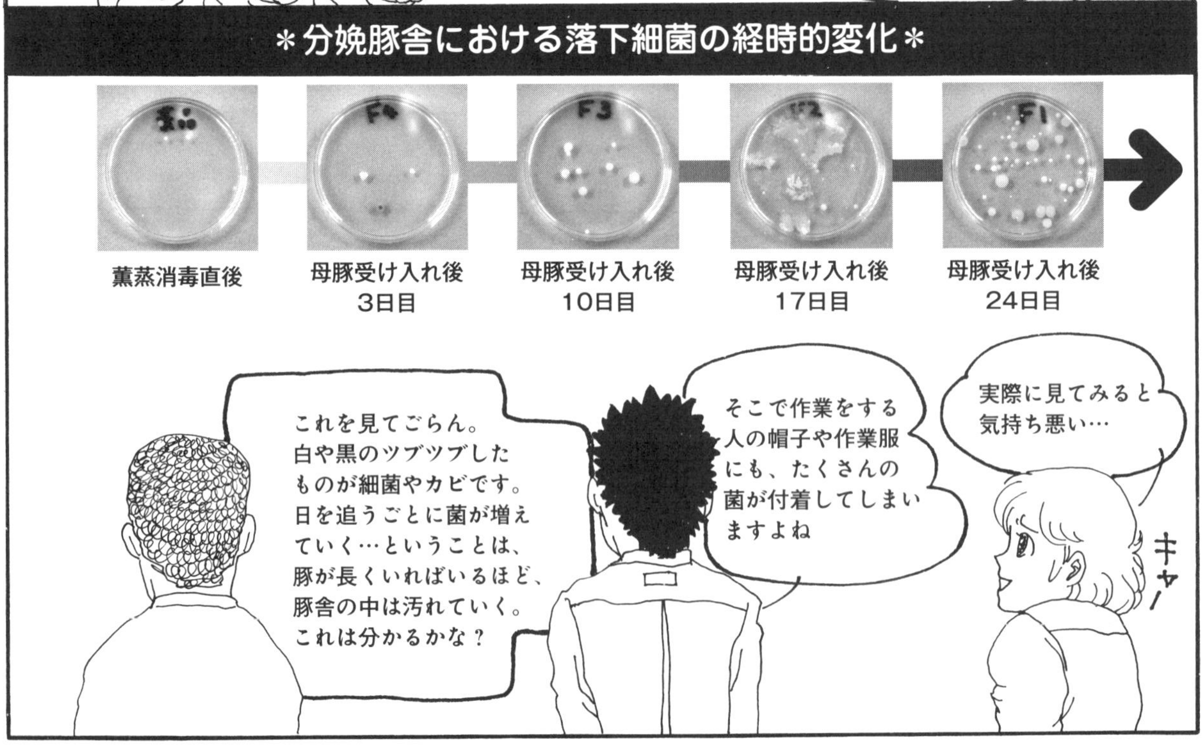
＊分娩豚舎における落下細菌の経時的変化＊
F4
F3
F2
F1
薫蒸消毒直後
母豚受け入れ後 3日目
母豚受け入れ後 10日目
母豚受け入れ後 17日目
母豚受け入れ後 24日目
これを見てごらん。
白や黒のツブツブした
ものが細菌やカビです。
日を追うごとに菌が増え
ていく…ということは、
豚が長くいればいるほど、
豚舎の中は汚れていく。
これは分かるかな？
そこで作業をする
人の帽子や作業服
にも、たくさんの
菌が付着してしまい
ますよね
実際に見てみると
気持ち悪い…
キャー

じゃあ、次はコレ
現場の作業に慣れてきただろうから、
数字も自分で読めるようになっていこう
見たことがあるかな？
まだざっと目を通すくらいでいいから
グラフがたくさんあるね
このグラフは、今期１年分の成績目標です。各部門でこのような目標値を設けています。前にも説明したけれど、この目標とそれを達成するために必要な管理や仕事が**「職務責任」**です
ナルホドこまかいですね
えー数字がたくさん
枝肉相場は自分たちで操作できないから、農場スタッフはこの職務責任を達成すべく、生産に全力投球するしかないんだ
君たちの後ろのドアにも、同じグラフが貼ってあるよ
１年先の肥育豚の出荷頭数の目標！
…なんて、とても覚えていられないんですが…
あの…
経営者は先10年をみるけどね
確かに、経営者や場長でない限り、あまり先々のことまで考えられないかもしれないね。毎月の会議では、前１ヵ月のデータを踏まえて反省し、翌月の仕事につなげていくようにしています。
君たちが働くときには、まず１週間単位の目標を心に留めて仕事をしましょう
コレね
それから、毎日の仕事の経過は、日報にして報告していますね
どうしよう
グラフの見方、
全然分かんないや…
うーん
ハイハーイ
マカシテ！

交配目標頭数のグラフを例にすると…

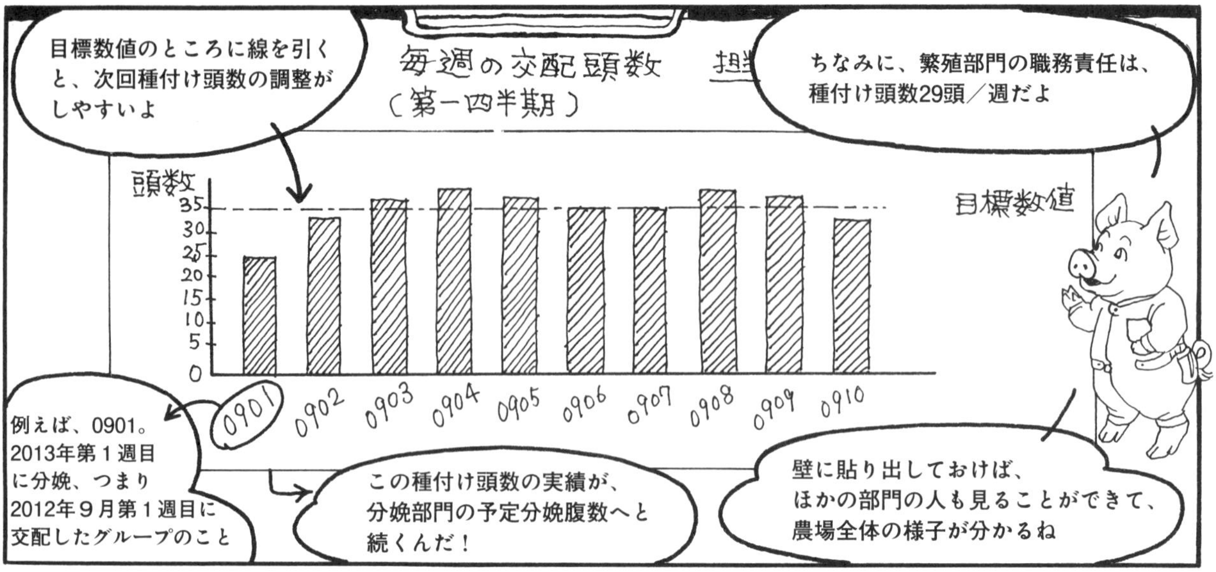
目標数値のところに線を引くと、次回種付け頭数の調整がしやすいよ
毎週の交配頭数
（第一四半期）
担
ちなみに、繁殖部門の職務責任は、種付け頭数29頭／週だよ
頭数
35
30
25
20
15
10
5
0
目標数値
0901
0902
0903
0904
0905
0906
0907
0908
0909
0910
例えば、0901。2013年第１週目に分娩、つまり2012年９月第１週目に交配したグループのこと
この種付け頭数の実績が、分娩部門の予定分娩腹数へと続くんだ！
壁に貼り出しておけば、ほかの部門の人も見ることができて、農場全体の様子が分かるね

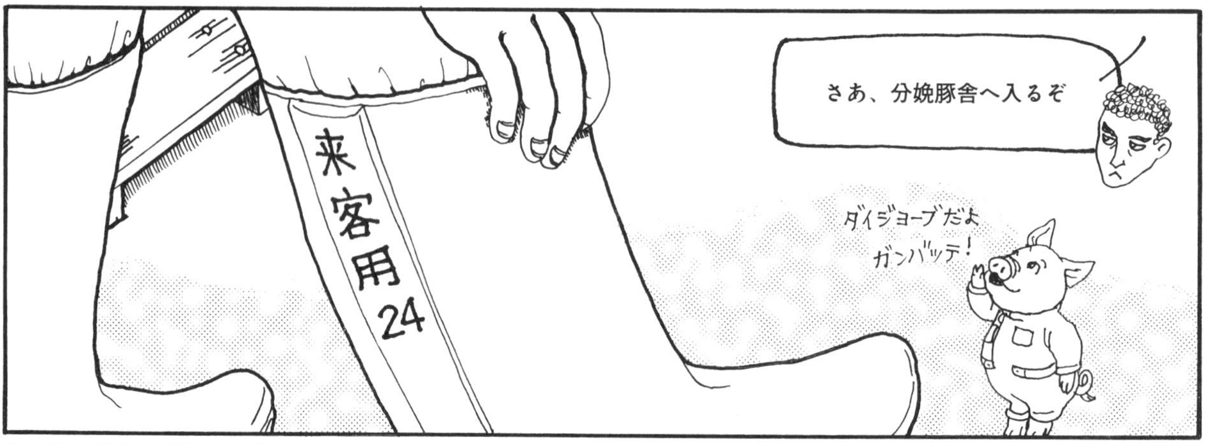
来客用24
さあ、分娩豚舎へ入るぞ
ダイジョーブだよ
ガンバッテ！

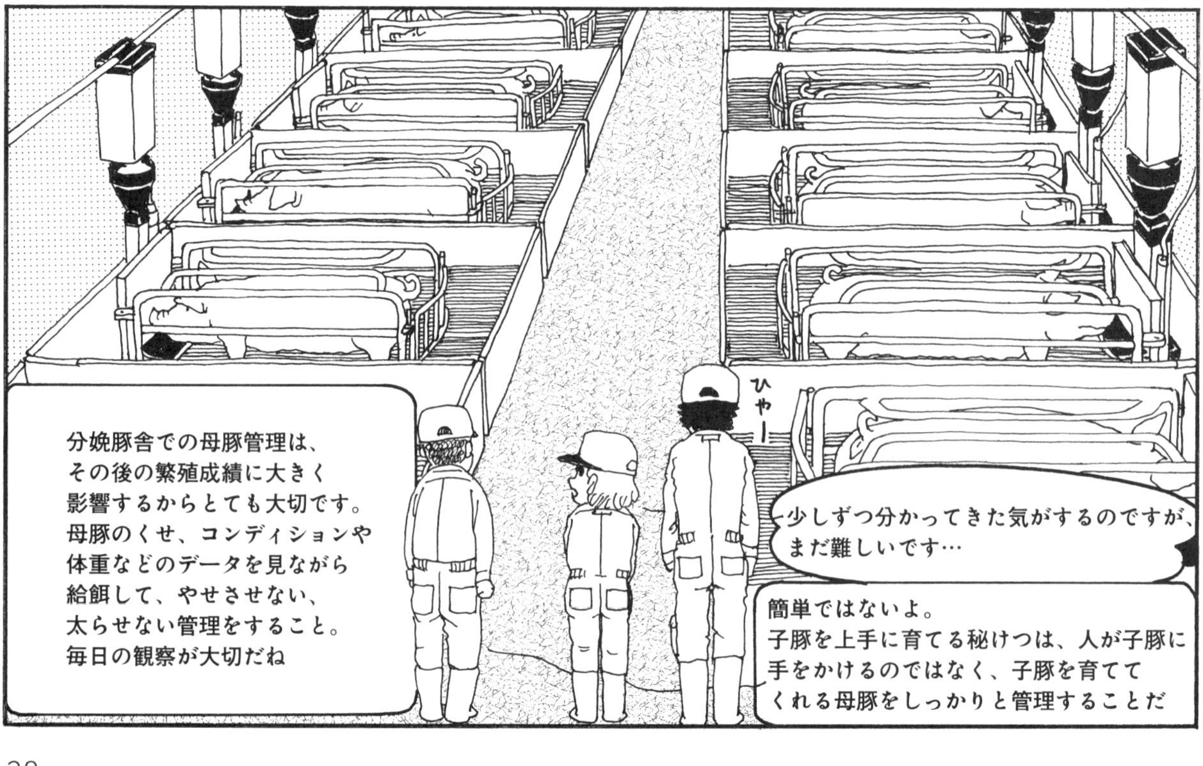
分娩豚舎での母豚管理は、その後の繁殖成績に大きく影響するからとても大切です。母豚のくせ、コンディションや体重などのデータを見ながら給餌して、やせさせない、太らせない管理をすること。毎日の観察が大切だね
ひゃー
少しずつ分かってきた気がするのですが、まだ難しいです…
簡単ではないよ。子豚を上手に育てる秘けつは、人が子豚に手をかけるのではなく、子豚を育ててくれる母豚をしっかりと管理することだ

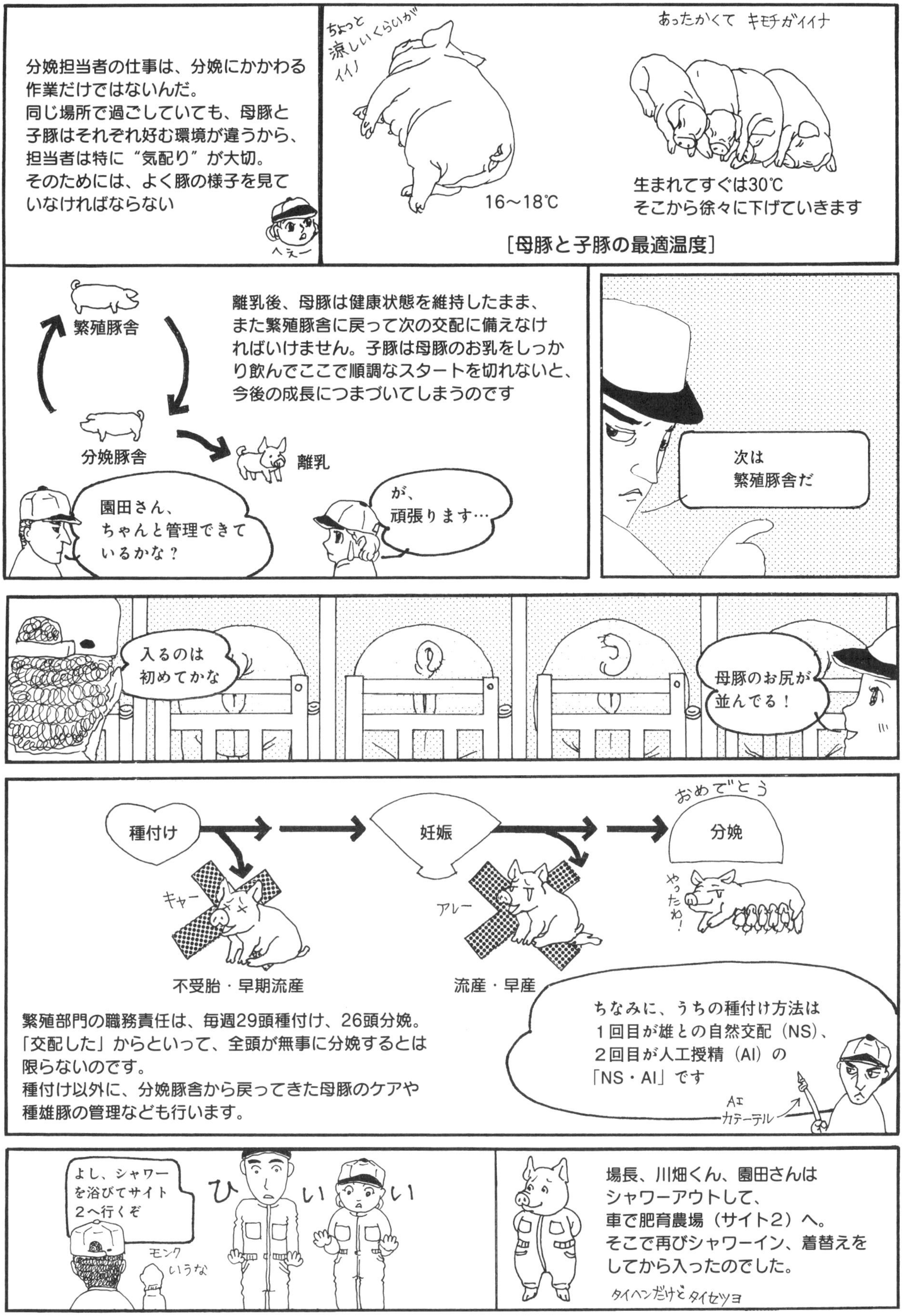

分娩担当者の仕事は、分娩にかかわる作業だけではないんだ。
同じ場所で過ごしていても、母豚と子豚はそれぞれ好む環境が違うから、担当者は特に“気配り”が大切。
そのためには、よく豚の様子を見ていなければならない
へえー
ちょっと涼しいくらいがイイノ
16〜18℃
あったかくて キモチガイイナ
生まれてすぐは30℃
そこから徐々に下げていきます
［母豚と子豚の最適温度］
繁殖豚舎
分娩豚舎
離乳
離乳後、母豚は健康状態を維持したまま、また繁殖豚舎に戻って次の交配に備えなければいけません。子豚は母豚のお乳をしっかり飲んでここで順調なスタートを切れないと、今後の成長につまづいてしまうのです
園田さん、ちゃんと管理できているかな？
が、頑張ります…
次は繁殖豚舎だ
入るのは初めてかな
母豚のお尻が並んでる！
種付け
妊娠
おめでとう
分娩
キャー
不受胎・早期流産
アレー
流産・早産
やったわ！
繁殖部門の職務責任は、毎週29頭種付け、26頭分娩。
「交配した」からといって、全頭が無事に分娩するとは限らないのです。
種付け以外に、分娩豚舎から戻ってきた母豚のケアや種雄豚の管理なども行います。
ちなみに、うちの種付け方法は1回目が雄との自然交配（NS）、2回目が人工授精（AI）の「NS・AI」です
AIカテーテル
よし、シャワーを浴びてサイト2へ行くぞ
モンクいうな
ひいい
場長、川畑くん、園田さんはシャワーアウトして、車で肥育農場（サイト2）へ。
そこで再びシャワーイン、着替えをしてから入ったのでした。
タイヘンだけどタイセツヨ

＊離乳・肥育の管理＊

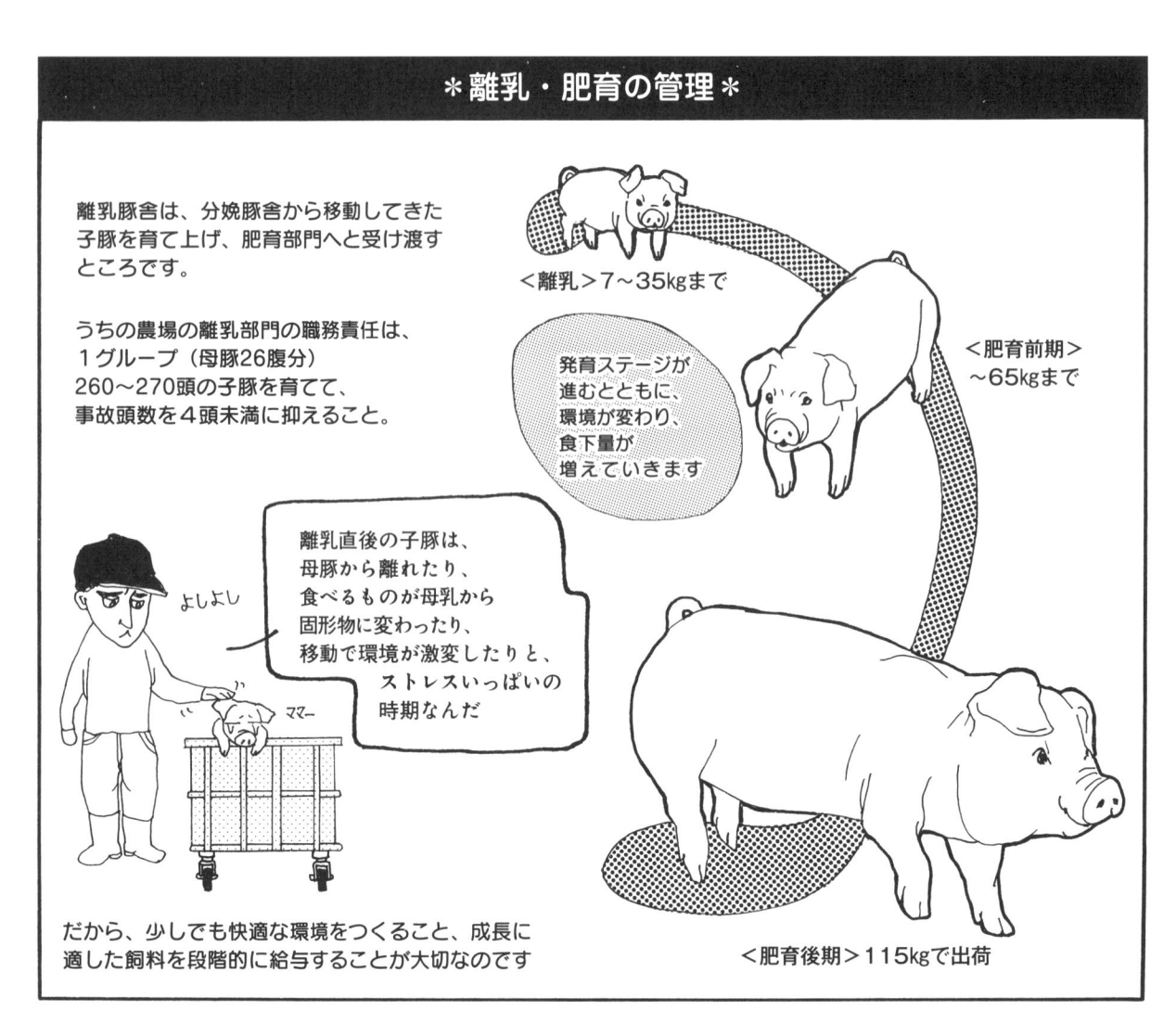

離乳豚舎は、分娩豚舎から移動してきた子豚を育て上げ、肥育部門へと受け渡すところです。

うちの農場の離乳部門の職務責任は、
１グループ（母豚26腹分）
260〜270頭の子豚を育てて、
事故頭数を４頭未満に抑えること。

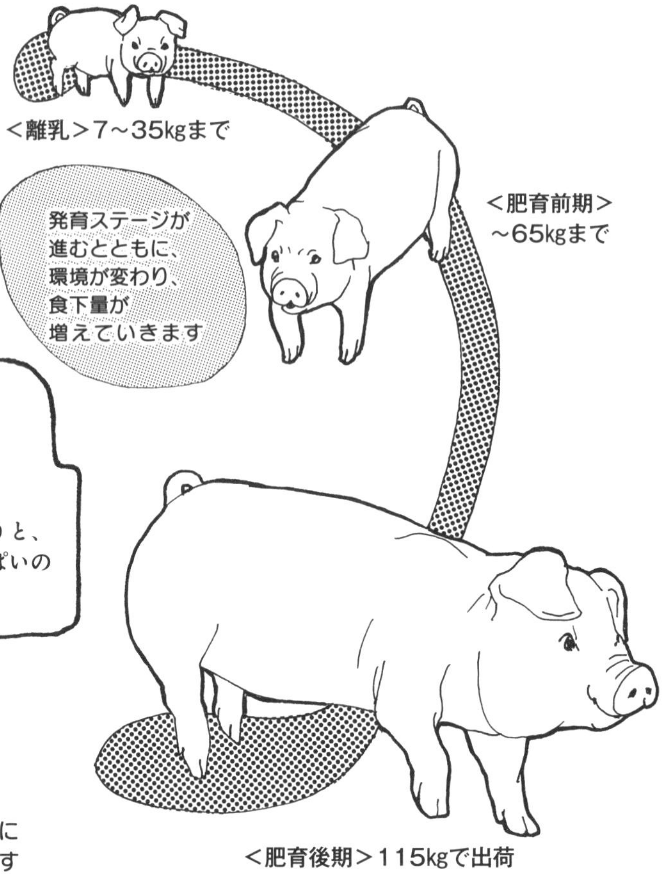
＜離乳＞7〜35kgまで
発育ステージが進むとともに、環境が変わり、食下量が増えていきます
＜肥育前期＞〜65kgまで
＜肥育後期＞115kgで出荷

よしよし
離乳直後の子豚は、母豚から離れたり、食べるものが母乳から固形物に変わったり、移動で環境が激変したりと、ストレスいっぱいの時期なんだ
ママー

だから、少しでも快適な環境をつくること、成長に適した飼料を段階的に給与することが大切なのです

肥育部門は「エサやりだけで仕事が少ない」と思ったら大間違い！　売り上げを左右する大切な部門なんだよ。
治療より、まず予防。そのための環境や飼料の管理、体重測定、記録などを行って、一番出荷豚が高く売れる「出荷適期」を見極めなくちゃいかん。
コンニチワー
この時期には、豚を「商品」として見ることが大切なんだよ
すべてが肥育部門につながっているんですね！
その通り！
ところで、どの部門でも場長が言っている「飼料管理」「環境管理」って、具体的にはどんなことなんだろう？
わかんないコトばっかりだー
少しずつダヨー
つづく

第4話　「三大基本要素」と「観察」

さて、毎日の仕事の中で、農場での流れについては分かってきたかな
1. みる
2. 音をきく
3. 臭いをかぐ
4. 触る
5. 味覚を使う
目標や責任の重要性はだいぶ分かってきました
まだ完璧には理解していないので、少し不安です…
細かい作業は実地で、意味は少しずつ作業や座学をしながら覚えていけばいい。
何より大切なのは、
「豚をしっかり見る」
ということだ
豚はヒトの言葉をしゃべることはできないけれど、行動やしぐさを見ていれば、ボディランゲージで何を考えているのか示してくれるんだ。
例えばどんなことを表しているのか、2人にはパソコンを見てもらおう
今回のキーワードは「ボディランゲージ」と「観察」ということで…
まあ2人とも
コッチに来なさい。
うーん
みえなり
ヨー

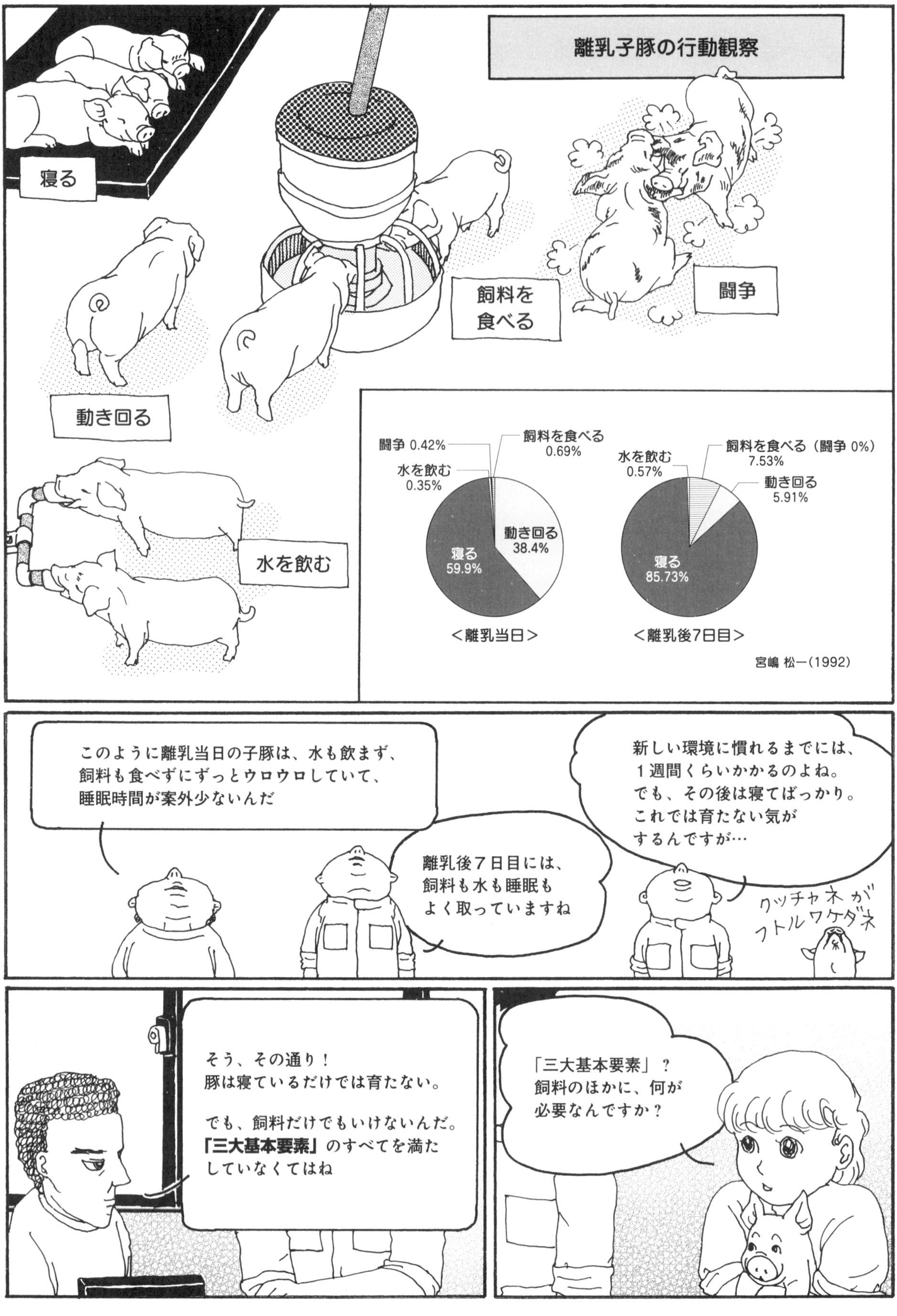

離乳子豚の行動観察
寝る
飼料を食べる
闘争
動き回る
水を飲む
闘争 0.42%
飼料を食べる 0.69%
水を飲む 0.35%
動き回る 38.4%
寝る 59.9%
＜離乳当日＞
水を飲む 0.57%
飼料を食べる（闘争 0%） 7.53%
動き回る 5.91%
寝る 85.73%
＜離乳後7日目＞
宮嶋 松一(1992)
このように離乳当日の子豚は、水も飲まず、飼料も食べずにずっとウロウロしていて、睡眠時間が案外少ないんだ
離乳後７日目には、飼料も水も睡眠もよく取っていますね
新しい環境に慣れるまでには、１週間くらいかかるのよね。でも、その後は寝てばっかり。これでは育たない気がするんですが…
クッチャネ が フトル ワケダネ
そう、その通り！豚は寝ているだけでは育たない。
でも、飼料だけでもいけないんだ。**「三大基本要素」**のすべてを満たしていなくてはね
「三大基本要素」？飼料のほかに、何が必要なんですか？

＊三大基本要素とは？＊

「**三大基本要素**」は豚が発育する上で、必須の要素です。

①きれいで、新鮮な飼料

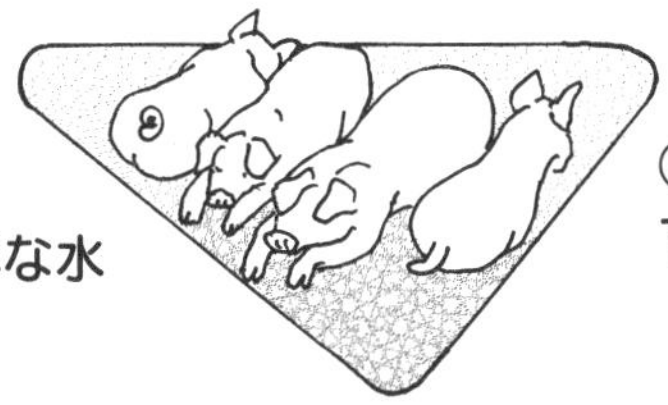

②きれいで、新鮮な水

③暖かくて乾燥したすき間風のない生活場所

この「**三大基本要素**」がきちんと豚に与えられているかどうかは、豚の行動を見て判断します

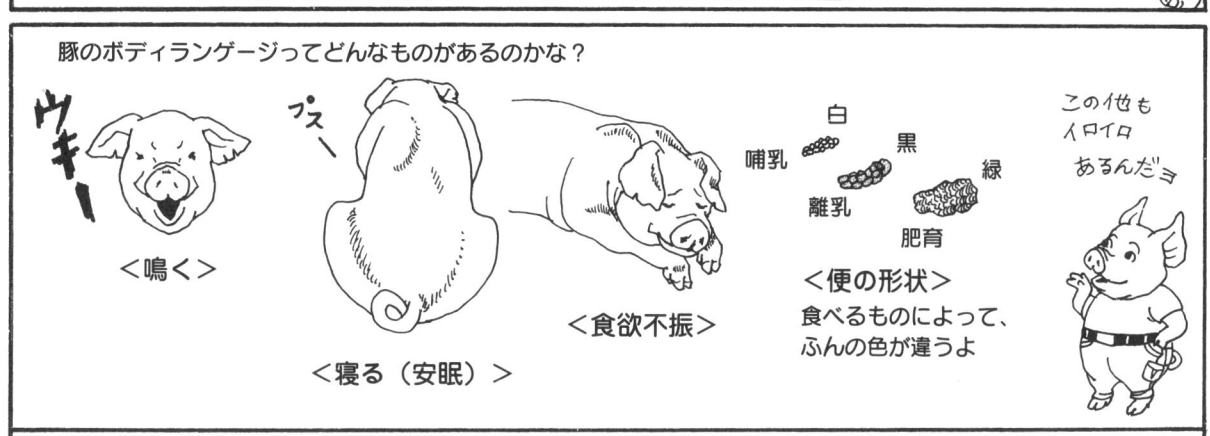

ボディランゲージの観察ですね

豚のボディランゲージってどんなものがあるのかな？

ウキー

＜鳴く＞

プスー

＜寝る（安眠）＞

＜食欲不振＞

白
哺乳
黒
離乳
緑
肥育

＜便の形状＞

食べるものによって、ふんの色が違うよ

この他も
イロイロ
あるんだヨ

「三大基本要素」① きれいで、新鮮な飼料

日本で使われている飼料は、ほぼ100%が輸入原料

出荷
輸送
配合
再出荷
給餌

イタダキマース

だから、給餌されるまでが長〜い！

運んでくるのに時間がかかる上、加工もするから飼料はただでさえ劣化しやすい。

しかも、日本の夏場は高温多湿。飼料はぬれると変敗《へんはい》して、カビやすくなるんだ

ボクモ
カビチャイソウ

プ〜ン
アレー
よく見えない
ヨー
プ〜ン
クサイヨ
プ〜ン

豚用給餌器は、構造上、汚れがたまりやすいものもあるんだよ

ドコドコ？

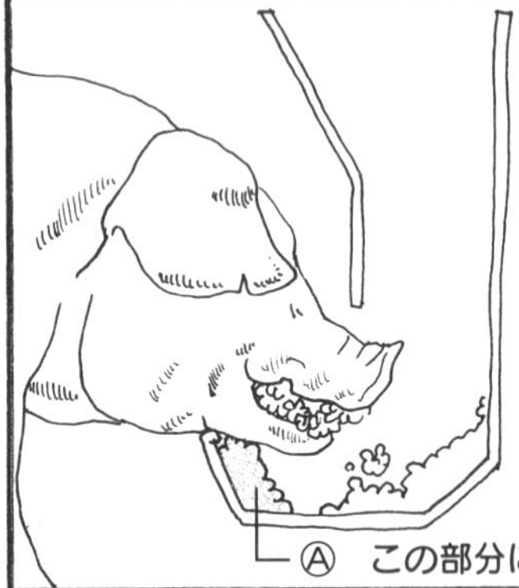

［給餌器を横から見ると…］

マッシュ飼料を入れている給餌器では、Ⓐに
食べ残しが固まっていることが多いんだ。
このまま放っておくと、すぐ変敗してしまうよ。
見えにくいから、必ず手を使って状態を確認する
ようにしようね。

ホラネ

ナルホドネー

Ⓐ この部分に汚れがたまりやすい。豚の唾液と混ざると、湿って熱を持つことも…

＊豚の飼料いろいろ＊

豚の飼料は、成長段階や用途によって、使い分けをしています。

マッシュ		現在最も普及している配合飼料。粒粉混合の飼料
ペレット		蒸気で加熱した後、“ペレットミル”という機械で円筒状に高圧成型した固形飼料
クランブル		ペレットを“クランブラー”という機械で粗砕したもの。粒度のそろった不定形な形状の飼料
エキスパンダー		エクストルーダーペレット（EP）ともいう。“エキスパンダー”を使って射出孔から圧力を掛けて押し出すと、発泡して膨張する

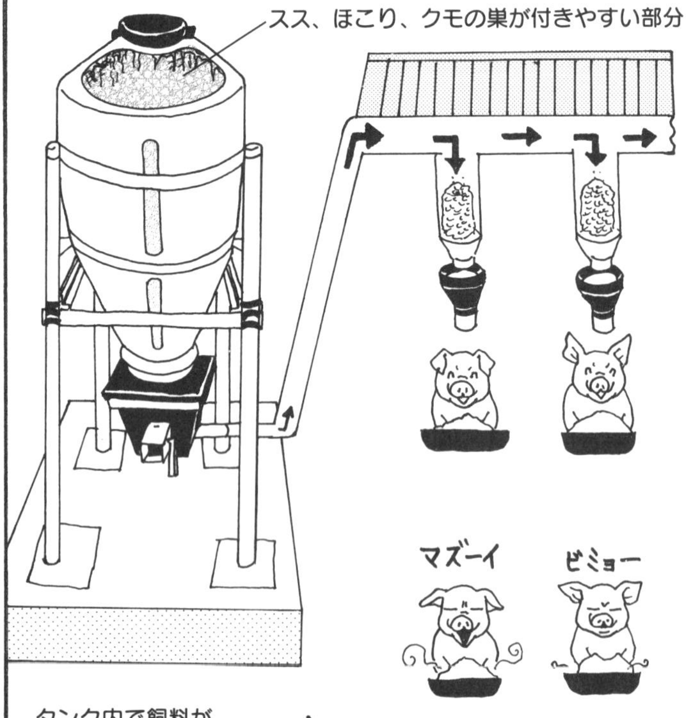
スス、ほこり、クモの巣が付きやすい部分
マズーイ
ビミョー

それから、給餌器内の飼料の減り具合も
大切なチェックポイントです。
豚の健康状態や飼料の状態の指標になる
からね。

給餌器だけでなく、飼料タンクも同様に
チェックしよう。
夏でなくても、湿気が多い条件だと飼料
は傷みやすいので、特に梅雨の前と後、
秋の長雨の後は要確認。掃除も怠りなく。

ちなみに、タンクも汚れるので、飼料は
「つぎ足し」するのではなく、月１回は
空にして、中をよくのぞいてみよう。

タンク内で飼料が
カビたり、腐敗すると… ➡ タンクに近い側ほどエサ食いが悪く…

こまめにチェック！
ですね

「三大基本要素」② きれいで、新鮮な水
豚の飼料は乾燥しているから、水を十分に飲めることが大切。飼料摂取量が増えるに従って、水を飲む量も増えてくる
だから
給水器は、毎日チェックしなくてはならないね
ジョピー
“でっぱり”を上へ押すと水が出るタイプ
“でっぱり”を下へ押すと水が出るタイプ
シュピー
豚は鼻で押して、飼槽にたまった水を飲みます
ニップルをかんで水を飲みます
［ピッカーいろいろ］
豚は腎臓のろ過機能が悪いので、常に大量の水を飲む必要があるんだ。
体の老廃物を尿として排せつしなくちゃいけないから、飲水量が少ないと、病気になっちゃうんだよ
水が飲めないと
エサくいもおちるヨー
豚房を水洗し、空舎期間を置いたら、豚を入れる直前には各豚房ごとに給水器を指で押して、冷たい水が出てくるようにしておきましょう
忘れずに！
ヘイキョー
お水は冷たいですかー？
配管にたまった水はぬるくなって、雑菌が繁殖しやすくなっているからね
各ステージで必要な飲水量はコラムで説明します
新鮮な冷たい水
ぬるい水

「三大基本要素」③　暖かく乾燥した、すき間風のない生活場所

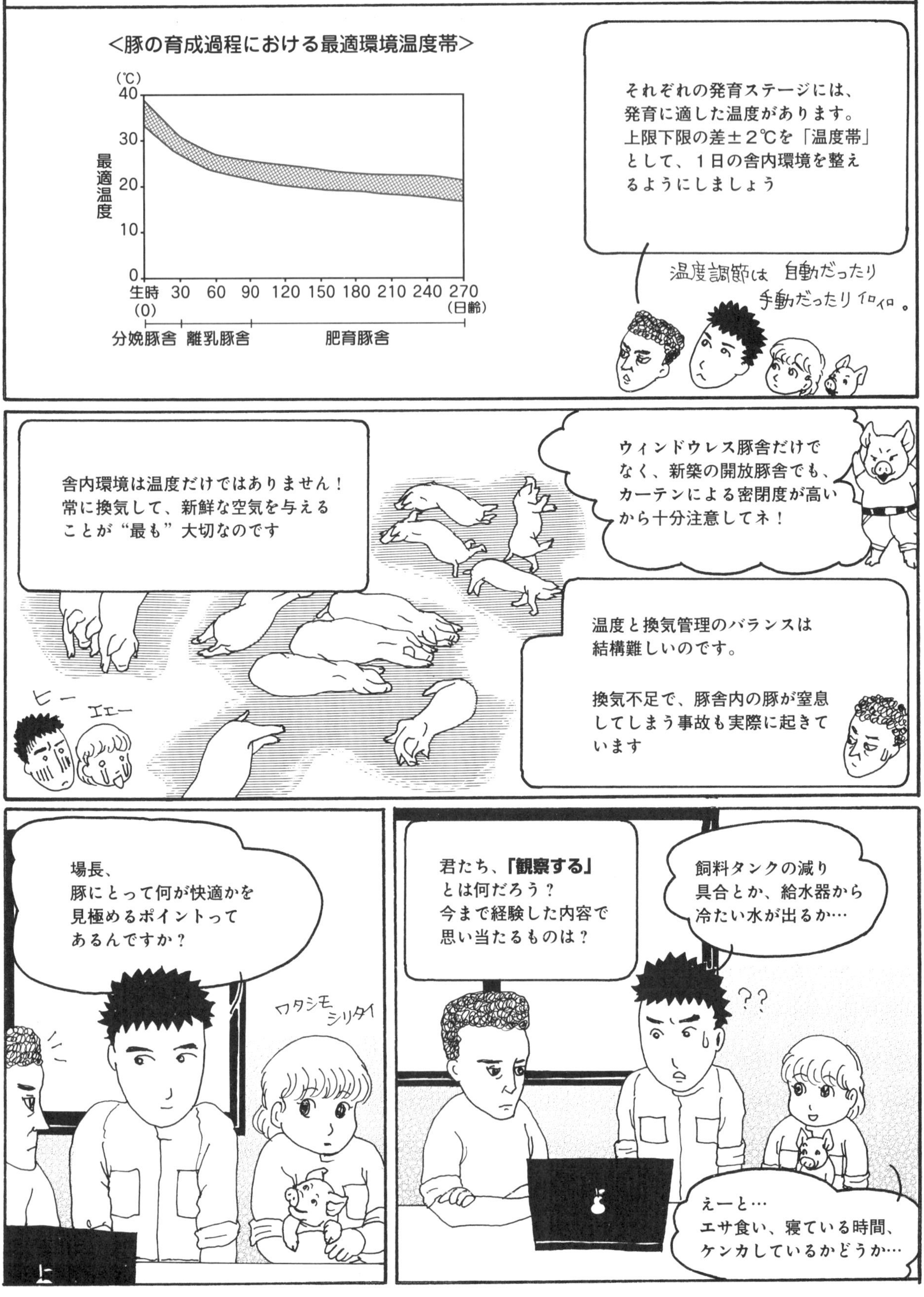

<豚の育成過程における最適環境温度帯>
(℃)
40
30
20
10
0
最適温度
生時 (0)　30　60　90　120　150　180　210　240　270 (日齢)
分娩豚舎　離乳豚舎　肥育豚舎
それぞれの発育ステージには、発育に適した温度があります。上限下限の差±2℃を「温度帯」として、1日の舎内環境を整えるようにしましょう
温度調節は 自動だったり 手動だったり イロイロ。
舎内環境は温度だけではありません！常に換気して、新鮮な空気を与えることが“最も”大切なのです
ウィンドウレス豚舎だけでなく、新築の開放豚舎でも、カーテンによる密閉度が高いから十分注意してネ！
温度と換気管理のバランスは結構難しいのです。
換気不足で、豚舎内の豚が窒息してしまう事故も実際に起きています
ヒー
エエー
場長、豚にとって何が快適かを見極めるポイントってあるんですか？
ワタシモ シリタイ
君たち、**「観察する」**とは何だろう？今まで経験した内容で思い当たるものは？
飼料タンクの減り具合とか、給水器から冷たい水が出るか…
??
えーと…エサ食い、寝ている時間、ケンカしているかどうか…

今言ってくれたようなポイントを毎日見ていれば、ちょっとした“違い”も分かるようになる。日々の積み重ねが必要だね
じゃあ、その変化を少しでも早く見極められるようになるには、どのようなことに気をつければいいんですか!?
兄サン アツイネエ
やっぱり「動物好き」なだけでは、豚の管理はできないのね。もっと勉強しようっと
観察のポイントはこの9個だ
まず、五感
1）観る
2）音を聞く
3）においをかぐ
4）触る
5）味覚を使う
味覚!?
集中力!!
さらに、4つ
6）集中力
7）作業を効率良く
8）時計（時間）よりも作業完結を目標に
9）信頼のおける助言と情報の活用
観察に慣れる３つのヒントはコレ！
豚舎に入ったら、豚の目を見て指差し確認
よし!
よし!
1頭
5頭…
よし!
よし!
4頭
よし!
よし!
2頭
3頭
チェックとメモは細かめに
メモ メモ
離乳頭数、分娩頭数、飼料タンクの減り具合、それからえーとえーっと…
ほかの人が見ても、すぐ分かるようにしておく
プシー
治療 1回目
治療 2回目
2回 治療 シタノネ
まぁ今日はこんな感じだ。
農場の豚が元気で順調に育つかどうかは、君たち管理者次第！
次は観察の方法について、もう少し細かく説明していこう
さっそく はりきってるね
「動物好き」の勘もうまく働かせないとね
管理者は 豚の命を預っている ようなもの!!
何はともあれ、現場と経験だな!!
マー カタヒジ ハルナイ
つづく

Question

どうして豚には水が大切なの？

Answer

水は栄養分の運搬、老廃物の排出、体温調節など、体にとって重要な働きをしています。豚は腎臓のろ過機能が弱いため、常に水をたっぷり飲ませる必要があります。

●水の機能

豚にとって、水は必要不可欠なものの1つです。豚の水分要求量に関する研究が少ないので、重要性に対しての認識は薄いようですが、生命維持の点からすればなくてはならないものです。

水は、豚だけでなくすべての生き物にとって必須のものです。以下にその役割を挙げてみましょう。

❶体温の調節
❷栄養物やホルモンの運搬
❸ミネラルおよび酸・塩基バランスの調整
❹消化最終産物や老廃物の除去
❺薬物や残留薬剤の排せつ

豚へ水分を供給するものとしては、直接給水器から飲む水分、飼料から得られる水分、炭水化物代謝によってできる水分などいくつかあります。また体外への排出は、尿やふん、呼吸中の水分、乳汁などの分泌というかたちで行われます。

表1：いろいろな動物種での尿濃縮能力

動物種	最高到達尿浸透圧 (mOsm／H2O・kg)	濃縮能力
ビーバー	550	低
子豚（2ヵ月齢）	585	
成豚	1,080	
ヒト	1,300	
イヌ	2,400	
ラット	2,900	
ネコ	3,100	
カンガルー・ラット	5,500	
ホッピングマウス	9,400	高

尿濃縮力が低い＝大量の水が必要＝脱水に弱い
（小久江原図、一部加筆）

水の摂取量が体外への排出量を下回ると、脱水状態となって尿の濃度が増し、腎臓やぼうこうに感染症が生じます。特に豚は腎臓の機能がほかの動物に比べて劣っているため（**表1**）、尿路での細菌感染が多く見られ、膀胱炎や腎炎になりやすいのです。結果として、これは繁殖障害の一因にもなっています。

表２：ステージごとの飼料摂取量、水の要求量、最低流水速度、ニップルの高さの関係

体重／ステージ	飼料摂取量（kg／日）	水の要求量（ℓ／日）	最低流水速度（ℓ／分）	ニップルの高さ（m）
離乳直後（第１ステージ）	0.5	1.0～1.5	0.3	0.25～0.30
離乳～20kg（第２ステージ）	1.0	1.5～2.0	0.5～1.0	0.45
20～40kg（育成豚舎）	1.0～1.5	2.0～5.0	1.0～1.5	0.75
40～100kg（肥育豚舎）	1.5～3.0	5.0～10.0	1.0～1.5	0.75

出典：Code of Recommendation for the Welfare of livestock-Pigs より一部加筆

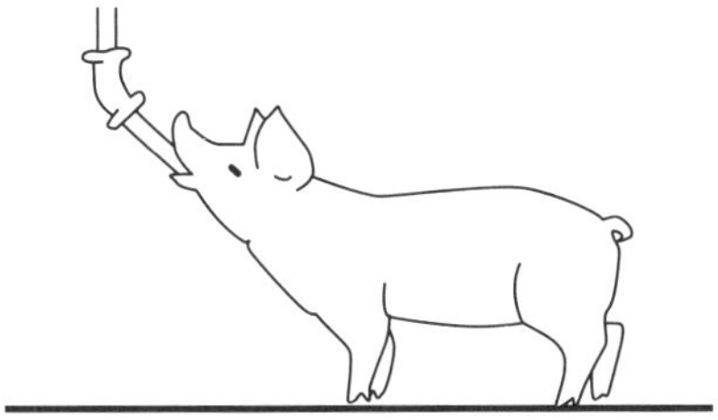

図：ニップルの設置例

45度エルボを使用した場合は、豚の背中の高さより10cm程度高く設置する。ニップル型給水器は、肩＋頭半分の高さが目安。体重35kgの場合、背の高さは約40cm

表３：母豚と雄豚への給水基準

	妊娠豚	泌乳豚	雄豚
給水量（ℓ／日）	10～30	20～60	14～40
危険レベル（ℓ／日）	12	25	15
給水量（ℓ／飼料kg）	4～6	4～8	4～6
給水量（ℓ／体重kg）	0.10～0.15	0.15～0.20	0.10～0.15
給水速度（ℓ／分）	1.0	1.5～2.0	1.5

出典：P.H.Brooks（2000）Nottingham University Press

また、最近は飼料中のタンパク質のレベルが上がってきていますので、余ったタンパク質を体外へ排せつするためにも多くの水が必要になります。

●肥育豚の水の要求量

豚がいつでも適量の水を飲んでいると思い込んでいませんか。給水器からの流量が適切かどうかは、定期的に確認しなければいけません。適切な水量が確保できているか、１日のうちで一番水圧が下がる時間帯（通常午前７～９時ごろの給餌時間帯）に測ってみましょう。

豚の飲水量は、体重、飼料摂取量、環境条件、気象条件などで大きく変化します。通常、育成・肥育期の豚では食下量の2.5～３倍、体重別で見れば体重１kg当たり約0.1ℓ／日必要になります（**表２**）。つまり体重60kgの豚では５～６ℓ／日、100kgの豚では８～10ℓ／日の水を飲むことになります。

一般的には豚10頭につき給水器１個の設置が望ましく、さらにニップル型給水器を使用する場合には、設置する高さにも気をつける必要があります。常にニップルが床から「豚の肩＋頭半分程度」の高さになるよう調整しましょう（**図**）。

●母豚と雄豚にもたっぷりと

母豚と雄豚に必要な給水量を**表３**に示しました。

分娩豚舎で泌乳母豚が十分に水を飲めるようにすることは大変重要です。特に高温下で多数の子豚に授乳している場合には、水の要求量が60ℓ／日を超えることもよくあります。分

娩豚舎での母豚への給水量は、飼料摂取量の５倍以上を目標にしましょう。

また、雄豚にも十分な水を与えなければいけません。夏場など、高温下で脱水症状になればその精子性状や乗駕欲などにも影響が及びます。

● 飼料成分の影響

飼料の摂取量と成分も豚の飲水量に大きく影響します。

高タンパク質飼料やタンパク質の質が悪いときには、飲水量は多くなります。また塩分が多くなったり、飼料に抗生物質を多量に添加すると、それを体外に排出しようとして飲水量が増えます。

● 結論：水に関して覚えること

❶豚は腎臓での尿濃縮機能が低い動物

つまり腎臓での水の再吸収機能の効率が非常に悪いということです。濃縮機能の低い動物は多くの水を必要とします。

❷子豚はさらに尿濃縮機能が低い

子豚が体から不要なものを排出するためには、母乳と水は欠かせません。人工乳を多く与える場合には、飲水量に気をつけ、十分に水が飲めるようにしておきましょう。

❸飼料摂取量との関係

水は代謝上、生理上重要であるだけでなく、豚の飼料摂取量にも大きく影響します。

水が不足すると飼料要求率が悪くなります。

❹脱水で腎臓障害が起きる

飲水量が不足すると、脱水症状が起き、血液の生産に影響が出ます。体の中で血液供給を多く必要とする臓器は、腎臓、骨髄、脳です。

特に腎臓への影響は大きく、腎臓組織に障害が起きて腎不全を起こし、尿の細菌数が増えてくるとの報告があります。

● 点検チェックポイント

点検と確認は目と手を使います。下記に毎日の点検と、豚を洗浄後に導入するときのポイントをまとめました。

一度確認してみましょう。

＜毎日の点検ポイント＞

□給水器（ニップル、カップ型）からの漏水があるがどうか

□適正な水圧で決められた水量が出ているかどうか

＜豚房導入前の点検ポイント＞

□給水管の元バルブが開いているか

□各豚房の給水器から、配管内に溜まっている古い水を排出させる。水温が冷たくなったらOK

□すべての給水器で同様の手順で古い水を排出させる

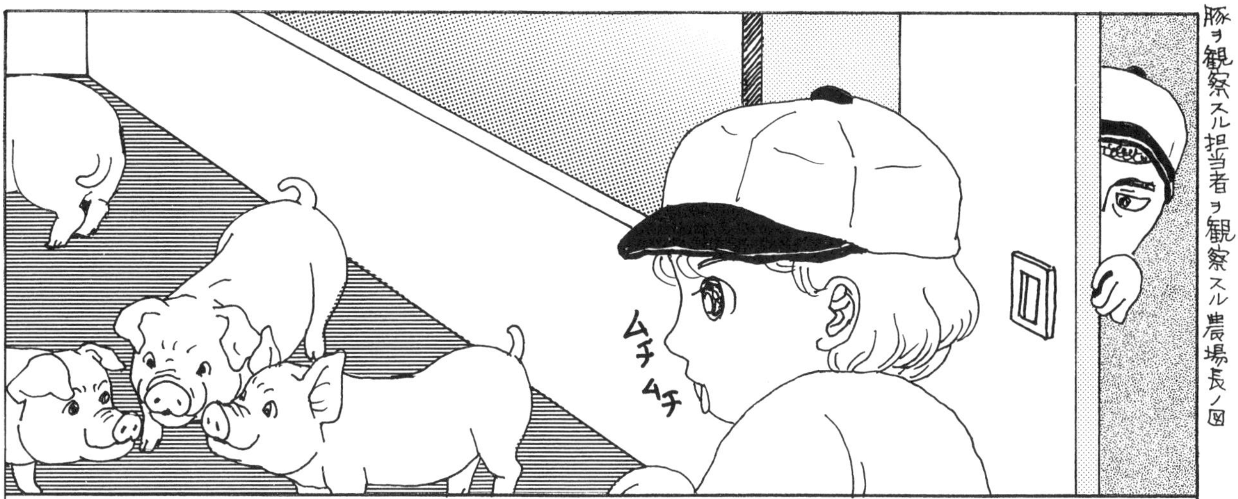
ムチ
ムチ
豚ヲ観察スル担当者ヲ観察スル農場長ノ図

第５話　観察のスキルを上げるには？

豚は環境の変化をボディランゲージで表す。だいぶ分かってきたかな？
ハイ。三大基本要素が大切で、
豚にとって必要なものがきちんと与えられているかは、豚の行動を見て判断するということですね

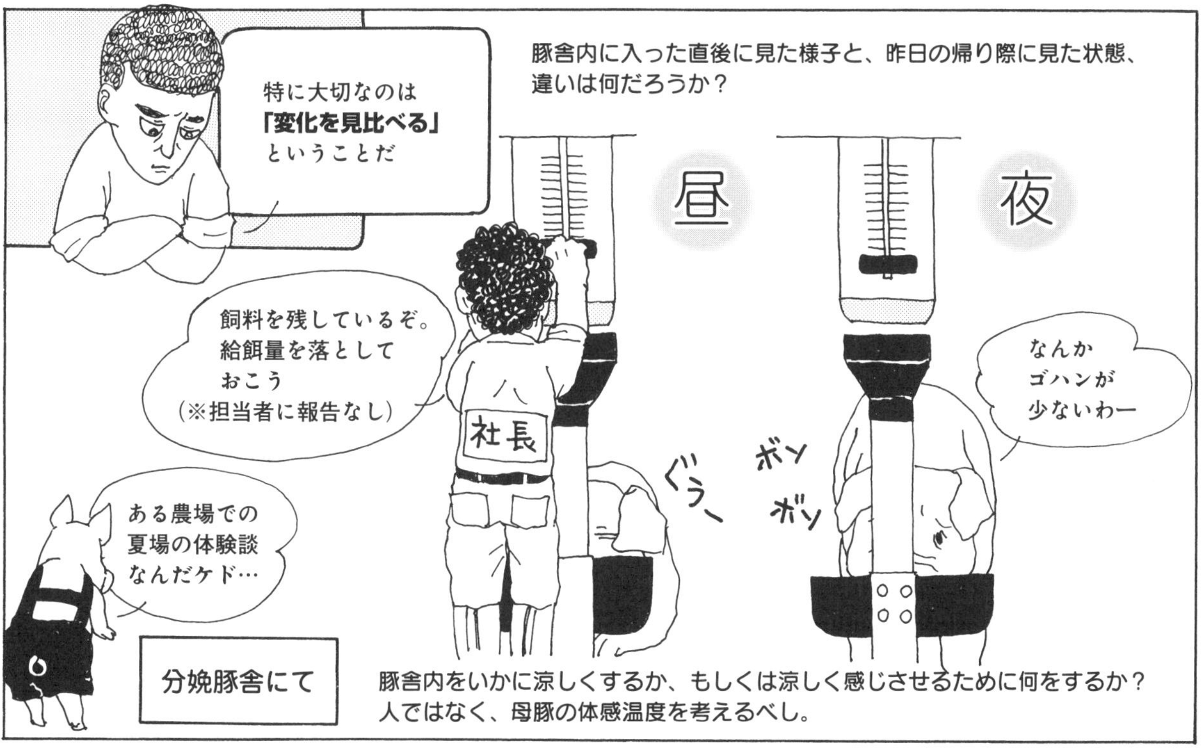
特に大切なのは**「変化を見比べる」**ということだ
豚舎内に入った直後に見た様子と、昨日の帰り際に見た状態、違いは何だろうか？
昼
夜
飼料を残しているぞ。給餌量を落としておこう（※担当者に報告なし）
社長
ぐう〜
ボソ
ボソ
なんかゴハンが少ないわー
ある農場での夏場の体験談なんだケド…
分娩豚舎にて
豚舎内をいかに涼しくするか、もしくは涼しく感じさせるために何をするか？
人ではなく、母豚の体感温度を考えるべし。

まぁ、この話は極端な例だけどね。
夜間の状態は、朝豚舎に入って観察することで推測できる。
だから、よく観察しよう
それにフツー増飼は担当者専任の仕事です。
場長、変化の見比べって、豚以外に豚舎内の温度や湿度も大切ですよね!?
そうだね。温度は、最高気温、最低気温をそれぞれチェックしよう。
それに風の流れも大切だよ
コレしってる!
ねえ みてみて、アッチは風速計ダヨ!
でも、毎日毎日同じことばかり繰り返し確認するのって、結構面倒ですね
長い道のりダワー
フー
あきないのかしら？
そりゃそうさ！
変化が分かるようになるまでは努力が必要だし、すぐには分からないものだ。
何年もかかるんだよ
「継続は力なり」か
やっぱりそうなんだ…
メモ メモ
「経験を積む」ということ。それは…
先輩と一緒に仕事をして、少しずつ学んでいくということ。そうすれば、健康な豚とそうでない豚の違いが、だんだん分かるようになってくるよ
「経験を積む」
すなわち**「五感を鍛える」**！
これが、養豚のスペシャリストへの近道だ
「五感」って、観察ポイントの話でも出てきましたよね！
なかなか難しいんですよね…どうしたらもっと**『五感』**を鍛えることができるでしょうか？
ハイ 直感型ニンゲンー
コチラハ理論派ニンゲン

君たち、「閾値《いきち》」という言葉を聞いたことがあるかな？
チガウヨー
ありません
生き血？
生き物が感じることのできる、最小限の刺激、ですよね？
感じるかどうかの、カミヒトエのところの。
←一応生命科学科卒です。

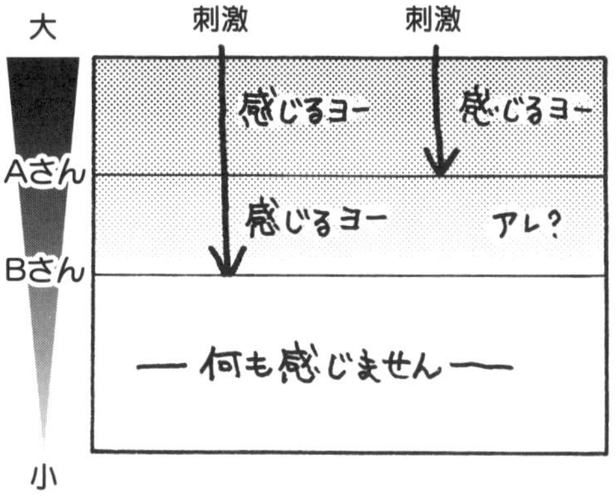
大
刺激
刺激
感じるヨー
感じるヨー
Aさん
感じるヨー
アレ？
Bさん
― 何も感じません ―
小

川畑くんの言う通り、「**閾値**」とは、ヒトが自分の感覚器官で感じることができる最小限の刺激のことを言うんだ。

左の図だと、AさんよりもBさんのほうがより小さな刺激を感じることができる、つまり敏感であることが分かるね。

Aさん、Bさんだけでなく、「**閾値**」は千差万別。
あくまで、**主観的な感覚**なのです。

アレがコレでソウだからコウなる
アレ？ソウ？コレ？ドレ？わかんないク…
ナルホド
アレでコウ？

だから、勉強会で皆一緒に同じ説明を受けたとしても、同じようなレベルで理解できるとは限りません。

作業も同じで、共同作業をしていても、人によって対処が変わってきてしまうことがあるのは、経験から分かると思います。

[ヒトによって、理解度はさまざま]

だから、この農場では管理マニュアルを作成し、
どの担当者もまず最低限同じレベルで管理ができるように、勉強会で繰り返し確認しているのです
管理 マニュアル
いわゆる管理の教科書だね
管理マニュアルは、“ゴール”ではなく、“スタート”なのです

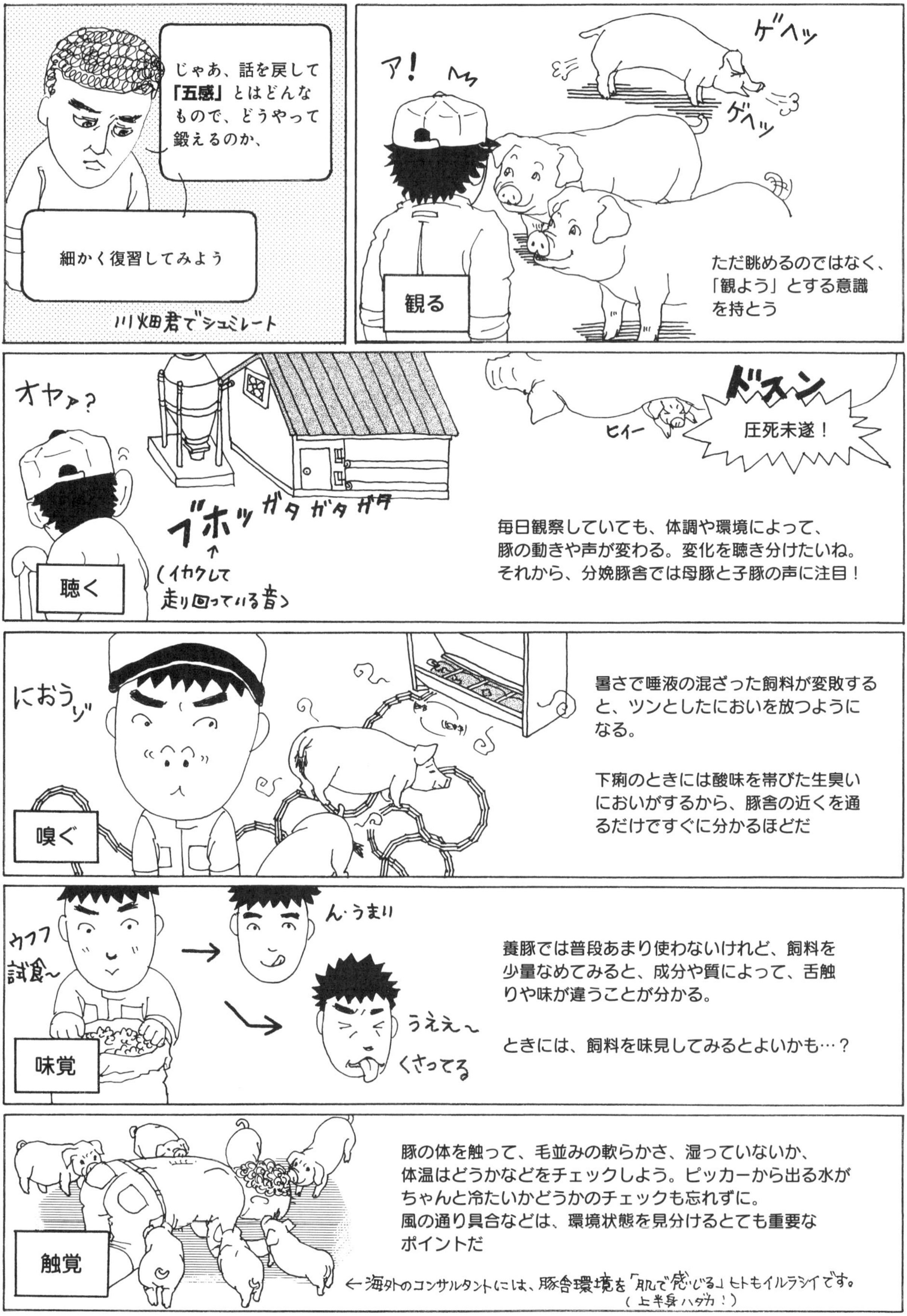
じゃあ、話を戻して「五感」とはどんなもので、どうやって鍛えるのか、
細かく復習してみよう
川畑君でシュミレート
ア!
ゲヘッ
ゲヘッ
観る
ただ眺めるのではなく、「観よう」とする意識を持とう
オヤァ?
ドスン
ヒイー
圧死未遂!
ブホッ ガタガタガタ
（イカクして走り回っている音）
聴く
毎日観察していても、体調や環境によって、豚の動きや声が変わる。変化を聴き分けたいね。それから、分娩豚舎では母豚と子豚の声に注目!
におうゾ
嗅ぐ
暑さで唾液の混ざった飼料が変敗すると、ツンとしたにおいを放つようになる。
下痢のときには酸味を帯びた生臭いにおいがするから、豚舎の近くを通るだけですぐに分かるほどだ
ウフフ 試食〜
ん・うまり
うえぇ〜 くさってる
味覚
養豚では普段あまり使わないけれど、飼料を少量なめてみると、成分や質によって、舌触りや味が違うことが分かる。
ときには、飼料を味見してみるとよいかも…?
触覚
豚の体を触って、毛並みの軟らかさ、湿っていないか、体温はどうかなどをチェックしよう。ピッカーから出る水がちゃんと冷たいかどうかのチェックも忘れずに。
風の通り具合などは、環境状態を見分けるとても重要なポイントだ
←海外のコンサルタントには、豚舎環境を「肌で感じる」ヒトもイルラシイです。（上半身ハダカ!）

ムリ
ですぅー
これだけ豚がいるのに、豚を１頭１頭、さらに設備も全部確認していたら、１日の業務時間内ではとても仕事が終わりませんよ…
そんなことはないよ、皆実際にこなしているのだから。作業のコツと段取りさえ組めるようになれば、君にもできる。集中力をもって、だらだら過ごさないことが大切だね
最初は皆サン、そうおっしゃいマスヨ
楽天イーグルスの野村元監督の言葉を借りるなら、
固定概念は“悪”、先入観は“罪”
だぞ
いいかい？農場はチームワーク！何もこれだけの作業をたった１人でしろ、と言っているわけじゃない
それから、今まで当たり前だったことが、必ずしも自分に合っていたり、正しいわけではないことも覚えておきたいね
「先入観」が改善の妨げになる…ですか？
協力体制が大切で、食わず嫌いに注意、なのか
んーにゃ ありゃダメだ
試してみたいんですっ
成績の低迷している農場ほど、過去の失敗が頭から離れず、新しい挑戦ができない。逆に、過去の成功にも執着しがちだ。失敗の経緯や原因が分析できていないから、「固定概念」や「先入観」にとらわれてしまうんだ
アタマが硬くなるってことか
何ごとにも「なぜ」という理由がある。それを理解しないと、いくら問題解決しても、“ヤマ勘”になってしまうね。これだと、次に同じ状態に陥ったら対処できないだろう
うまくいかなかったときの「なぜ」と、うまくいったときの「なぜ」。どちらも、その後の会社の発展のためには見逃せない
この「なぜ」を考えるため、作業をするときには必ず**「PDCAサイクル」**をもって臨んでください
え？
じゃ 今度はキミで PDCA サイクルを シュミレートするよ！

＊PDCAサイクルとは？＊

例えば…
どうしたら、時間内に効率良く作業をできるようになるか？作業に要した時間をまとめて、段取りを調整していこう
んんー あしたやる作業はー
<Plan～計画する～>
作業は段取りが命！
昔から「段取り８分、仕事２分」と言われています。
自分が１作業に必要とする時間を組み立てていこう
Plan
Action
Do
Check
30分以内でおわらせるゾ
もくひょう 1腹15分以内！
<Check&Action ～確認＆再計画～>
短縮や応援依頼が可能な作業、担当者しかできない作業を分類して、再度計画をし直そう
ム！ よてい オーバーしてる
<Do～実行する～>
目標はあくまで目安。
作業の所要時間は、
準備＋作業＋片付けまで
私は物事がうまくいかなかったときに、「失敗」というのは適当ではないと思う。結果がどうであろうと、それは大切な「経験」だからね
「経験」から学び、次回の「成功」につなげるということですね
じゃあ、それぞれの担当部署で入社３ヵ月目の復習をしていこう。どれくらい仕事を覚えられたかな？
が、頑張りますっ
どうしよう、自信ないなぁ…
ウフッ しっかりネッ

Question
何を観察すればいいの？①

Answer

豚は言葉を発しない代わりに、環境の変化をボディランゲージで表現します。私たち観察者はそのシグナルを鋭く発見しなければならないのです。

●観察とは変化を見比べること

豚の観察方法は、話をする人の数だけあると言っても良いでしょう。しかし、すべての人が観て、チェックしていることは同じなのです。「三大基本要素」がきちんと豚に与えられているかどうか。それは豚を観察するとはっきり分かるものです。

観察において特に大切なのは、ただ“見る”だけではなく、「変化を見比べる」ということです。今日豚舎に入ったときと、その前に観たときの状態、行動がどう違っていたのかを思い出して比較することが重要です。

観察の基本は、「毎日すべての豚を観る」ことです。毎日たくさんの豚を注意深く観ていると、徐々に健康で元気の良い豚と、異常な豚との差がどのようなものかが分かってきます。そうやって、少しずつ差を見つけられるようになるということが、「経験を積む」ということです。

「五感（観る、聴く、嗅ぐ、味覚、触覚)」や、人によって感度が異なる「閾値」については、本文で何度も説明してきましたが、特に「五感」を鍛えればとても感度の良いセンサーになります。しかし一方で、なまけるとその感度はどんどん低下してしまいます。経験を積むということは、この「五感」という人が持つ素晴らしいセンサーを常に鍛え、磨くことです。毎日のコツコツとした積み上げが、ストックマンとしての技術向上につながるのです。

●観察のヒント

次ページから、豚舎内でよく見られる豚の状態を例に、観察のヒントを解説していきます。

豚は言葉を発しない代わりに、しぐさや行動、目つき、被毛の状態などで、今の状態が快適かどうか、何が不足しているのかなどを教えてくれます。

写真を見ながら、どのような管理をすべきか考えてみましょう。

子豚の寝姿はどう？

写真１（左）：
きれいに並んで寝る子豚
写真２（右）：
重なり合って寝る子豚

写真１では子豚がきれいに並んで気持ちよさそうに寝ていますが、**写真２**では重なり合っています。ヒーターの温度設定、高さが適切でなかったり、感染症や腹冷えで下痢をしている場合などは、子豚は写真２のようにして暖をとります。

分娩豚舎は母豚と子豚が共生する空間ですから、それぞれが快適に過ごせるような温度環境をつくることが大切です。母豚は涼しく、子豚は暖かく。そのために、子豚の居場所は保温箱やヒーター、保温性の高いマットなどを使って局所的に温めます。子豚にとって快適な温度が保たれているかどうかは、この写真のように子豚の寝姿がバロメーターとなります。

豚のコンディションに合わせて調整できている？

写真３：寒がっている子豚

写真３は離乳豚舎のものですが、子豚が重なり合って眠っており、寒がっている様子が分かります。季節の変わり目や、日較差の大きい春、秋における舎内温度の管理は簡単ではありません。ウインドウレス豚舎の場合はコントロールパネルの設定温度を頼りに管理をする人も多いと思いますが、コントロールパネルの数値はあくまで設定の目安であり、舎内温度とイコールではありません。

また、温度計の確認は大切ですが、豚にとっての体感温度は、その日の湿度、豚の体調などさまざまな要因によって変わるため、豚の状態をよく観察し、それによって対応を考える必要があります。変更して観察する、これを繰り返し行うことで経験が積み重なり、少しずつ最適な管理ができるようになります。

豚とアイコンタクトをとれている？

写真４：全頭がこちらを向いたときに、豚の目を見る

豚舎の見回りをするとき、漠然と見回すのではなく、１頭１頭豚の目を見るように心掛けましょう。元気いっぱいの豚は、目が生き生きとしていて、目でこちらをずっと追ってきます。一方、元気のない豚はうずくまっていたり、目ヤニが出ていたりと、何らかの“サイン”を発しています。毎日これを続けることで、健康な豚と異常な（体調の悪い）豚の違いを見極められるようになります。

豚の異常に気付けている？

写真５：左右の豚房の豚を見比べてみよう

写真５は、同じ豚舎、同じ温度、同じ飼料、同じ日齢の豚を隣接する豚房で見比べたものです。左の豚房では、右豚房に比べ、豚が体をドロドロに汚しているのが分かります。同じ管理をしているつもりでも、豚にとっては環境が異なるという例です。

何か“不快”な状況があることを、左豚房の豚たちは教えてくれています。私たち管理者は、豚の行動や状況を見ながら“不快”な要因を見つけ、対処しなければいけません。

観察とは、変化を見比べることです。１日の間に豚舎の中の環境が変化するということも、覚えておかなければいけません。

昨日帰る前に見た状態と、朝豚舎に入ったときの状態、どこが異なるのか、また違う場合はどう対応すれば良いのか。夜のうちにどのような変化があったのかを考えてみることも大切です。日々 PDCA サイクルを使って、自分の経験を積み上げていくしか、管理を上達させる方法はありません。

ふんから分かることって？

写真６：コロコロのふんは便秘の証拠

ふんの状態は、最も分かりやすい健康のバロメーターの１つです。子豚、肥育豚では、便の色や状態（下痢や軟便など）で飼料をきちんと食べているか、感染症にかかっていないか、腹冷えを起こしていないかなど、管理の適不適を見極めることができます。

また、母豚のふんもたくさんのことを教えてくれます。コロコロのふんは便秘になっている証拠。飲水、飼料（繊維質）の不足や発熱、出産が近いことなどの目安になります。

豚だけでなく、ふんの状態もよく観察してみましょう。

給餌量は足りている？

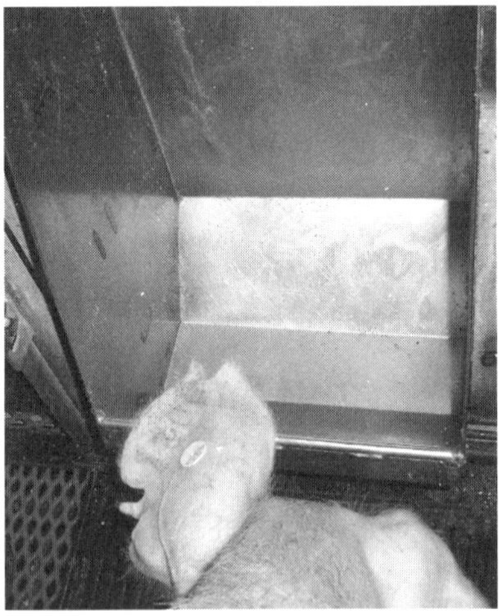

写真７：
母豚がなめているため、飼槽がピカピカ

母豚への給餌後、飼槽を確認していますか？　飼料を残している場合は、発熱、けがなどの体調不良、飲水の不足、過度な飼料の増量などを考慮し、治療や給餌量、給餌回数の調整などを行います。

一方、分娩豚舎の母豚が**写真７**のように飼槽がピカピカになるほどきれいに食べ切っているときは、飼料が足りず、母豚が飼槽をきれいになめた証拠。増量ペースを見直しながら、不足しないように調整してあげましょう。

事予定表
火 水 木 金 土 日 月 火 水 木 金 土 日 月 火 水 木 金 土 日 月

第6話　母豚と雄豚の管理

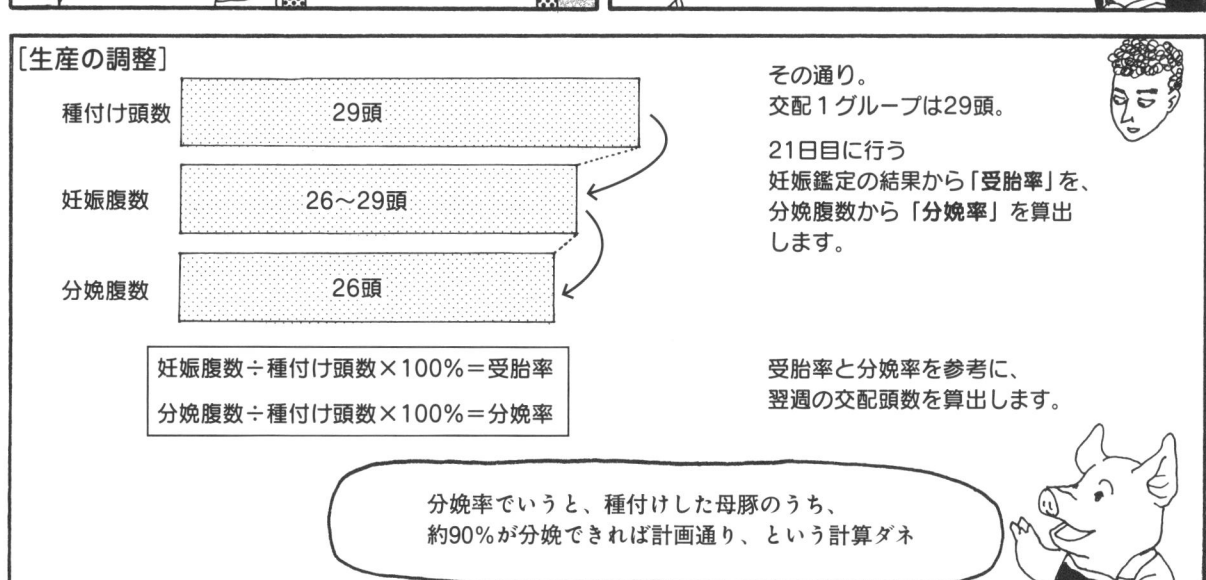

さて、これまで午前中は研修、午後は現場で実地、１日の終わりにはクイズ形式で学んだことを復習、という形でやってきたね。園田さんは繁殖部門を中心に学んできました
入社してすぐに繁殖部門の**「職務責任」**を説明したけど、覚えているかな？
ハイ。１週間に29頭種付け、26頭分娩が目標でしたよね

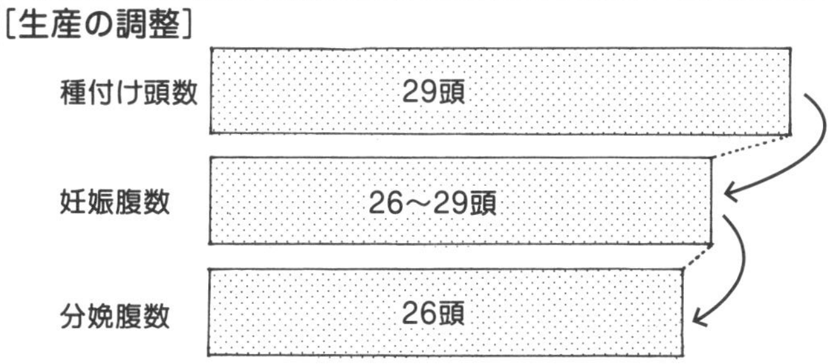
[生産の調整]
種付け頭数
29頭
妊娠腹数
26～29頭
分娩腹数
26頭

その通り。
交配１グループは29頭。

21日目に行う
妊娠鑑定の結果から「**受胎率**」を、
分娩腹数から「**分娩率**」を算出
します。

妊娠腹数÷種付け頭数×100%＝受胎率
分娩腹数÷種付け頭数×100%＝分娩率

受胎率と分娩率を参考に、
翌週の交配頭数を算出します。

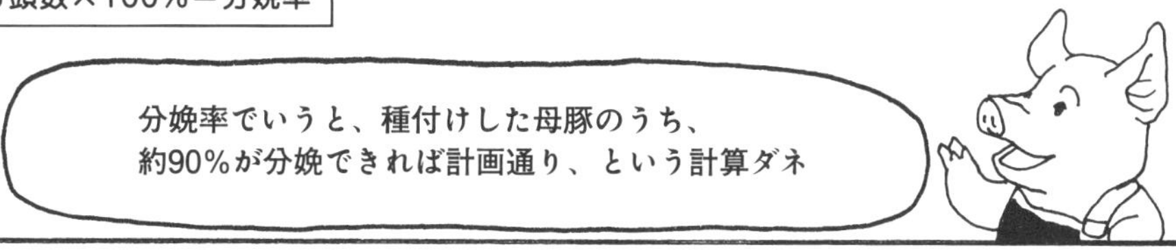
分娩率でいうと、種付けした母豚のうち、約90%が分娩できれば計画通り、という計算ダネ

このように、繁殖部門は「交配・妊娠・分娩」の３つが連動して動いています
繁殖部門に限らず、農場の仕事はいろいろな担当に分かれているけど、
最終目標は皆同じで、「豚を育てて出荷する」なんだヨ
担当専任の作業は、マニュアルにもまとめてあります。
ちなみに作業には、「自己流にアレンジが可能なもの」と「絶対変えてはいけないもの」があります。
前者は器具や工具の改良、作業効率の改善、後者は豚の生理に合わせた作業内容などだね
分娩担当者の１週間はこんな感じ。
具体的な作業内容もだいぶ分かってきたと思うけど、先輩に聞いたり経験しながら覚えましょう
全部おぼえてね

＊繁殖部門（分娩担当）の１週間の作業＊

	午前		午後	
	ルーチンワーク	週間作業	ルーチンワーク	週間作業
月	・母豚と子豚への給餌 ・通路掃除、環境チェック ・観察、子豚処置（去勢、耳刻、断尾）		・母豚と子豚への給餌 ・通路掃除、環境チェック ・観察 ・事務整理	・分娩豚舎への受け入れ ・母豚のリスト受け取り
火	同上		同上	・子豚ワクチン接種
水	同上		同上	・翌週と翌日（木曜日）の離乳頭数の連絡
木	同上	・母豚離乳（母豚の移動）	同上	・子豚離乳（子豚の移動） ・水洗、消毒 ・母豚受け入れ豚舎の薫蒸
金	同上	・分娩母豚の受け入れ ・翌週の母豚受け入れのため豚舎のチェック	同上	・飼料発注 ・週末の申し送り
土、日	同上		同上	

場長、作業自体は実地やマニュアルでだいぶ分かってきたのですが、繁殖部門の一連の流れがまだよく分かりません。
母豚を中心に、全体の流れを教えてもらえますか？
じゃあ、図で見てみよう。ポイントは３つだ
３つ

＊母豚の繁殖サイクル＊

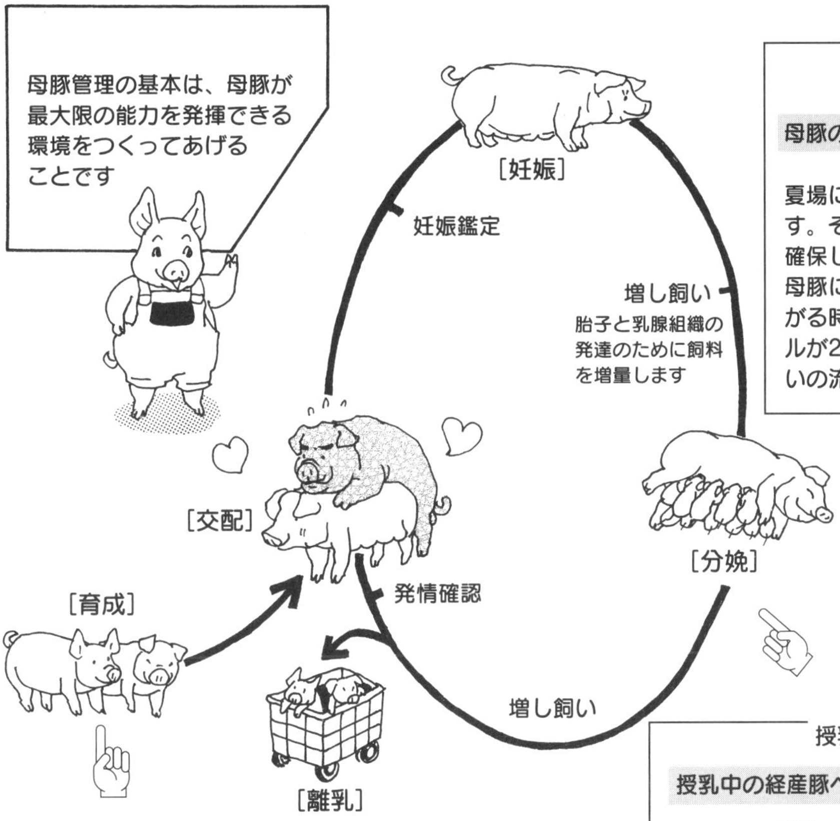
母豚管理の基本は、母豚が最大限の能力を発揮できる環境をつくってあげることです
［妊娠］
妊娠鑑定
増し飼い
胎子と乳腺組織の発達のために飼料を増量します
［交配］
［分娩］
［育成］
発情確認
増し飼い
［離乳］

ポイント①
候補豚の管理と初回種付けの体重

目安は８ヵ月齢以上で130〜150kg

最近の母豚は、初産から総産子数が10頭を超えることも珍しくなくなりました。
母豚の体型が小さいにもかかわらず産子数が多いと、胃などが圧迫され、妊娠期間中の食下量が減ってしまいます。その結果、授乳後には母豚がガリガリにやせてしまうことも…。
体型が小さいと、分娩時に難産になる危険性もあります。

ポイント②
給水量

母豚の１日の飲水量は約40ℓ以上！

夏場になると、特にたくさん飲みます。そのため、いつも十分な流量を確保しなければいけません。
母豚に給餌した直後（最も水圧が下がる時間帯）に、500mℓペットボトルが20〜30秒でいっぱいになるくらいの流量があればOKです。

ポイント③
授乳中の飼養管理

授乳中の経産豚への１日の給餌量は９〜11kg

母豚の体力維持　2kg
＋
哺乳子豚１頭当たり　0.5kg

毎回食べ切ることができるように、飼料は数回に分けて給餌します。
例えば、午前中２回、夕方１回といった感じです。

ハーイ
こまかいセツメイは午後の実地でどんどんきいちゃおう

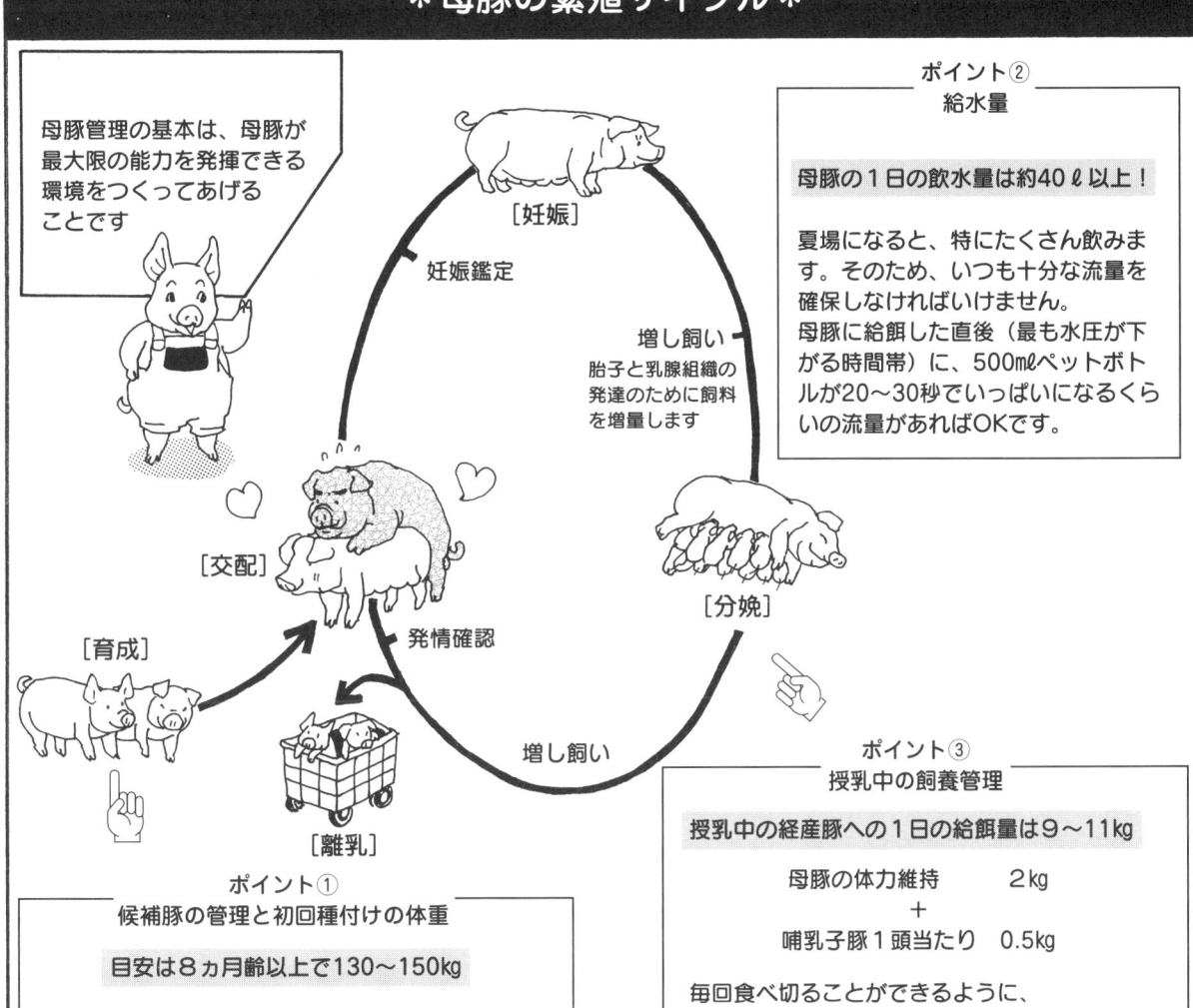

候補豚の管理方法について、もう少し詳しく話しておこうか
ハイ、お願いします
候補豚は、以前は個体管理が優先され、早い時期からストールで飼われることが多かったのですが、
最近は群飼が主流です
＊ストール飼いの慣らし方＊
１頭飼いでは体重と体長の伸びのバランスが悪くなってしまいます。一方で、群飼は運動量が増えるため、体づくりになるほか、発情の同期化もしやすいというメリットがあります。
最初はストール後ろの扉を開け放して群飼します。交配時期が近づいたら扉を閉めて１頭ずつにし、候補豚の後ろの空いた空間に雄豚を入れて発情確認をします。
それから、雄豚について。雄豚は、肥育豚の肉質や農場の繁殖成績を決める重要な要素を担っています
移動時に、棒でたたいたり、突いたりしてはダメ！雄豚は体が大きい上に力も強いので、敵対心を持たせると非常に危険です！
オスブタの扱いは、たとえ育成のオスでもナメチャダメ！人になれてても十分に注意してネ!!

まぁ、座学での復習は
こんなところかな
あ、帰ってきた
お疲れさまでーす
じゃあ、午後は吉永さんと現場作業の復習をしてください
頑張りましょうね
よろしくお願いします
お昼
経過
さっそくだけど、午前中の復習から。いい？
は、はい…
うちの農場の分娩目標は？
はいっ、だいたい90%くらいですっ
そうね。でも、気候条件や母豚、雄豚のコンディションによって、受胎率や分娩率は日々変化します
だから、毎週各グループごとの成績、私たち分娩担当では「分娩率」ね、これを確認することはとても大事なの
園田さん、マニュアルは？
場長と一通り勉強しました
マニュアルは、あくまで「スタート」であって、「ゴール」ではないというのは聞いたよね

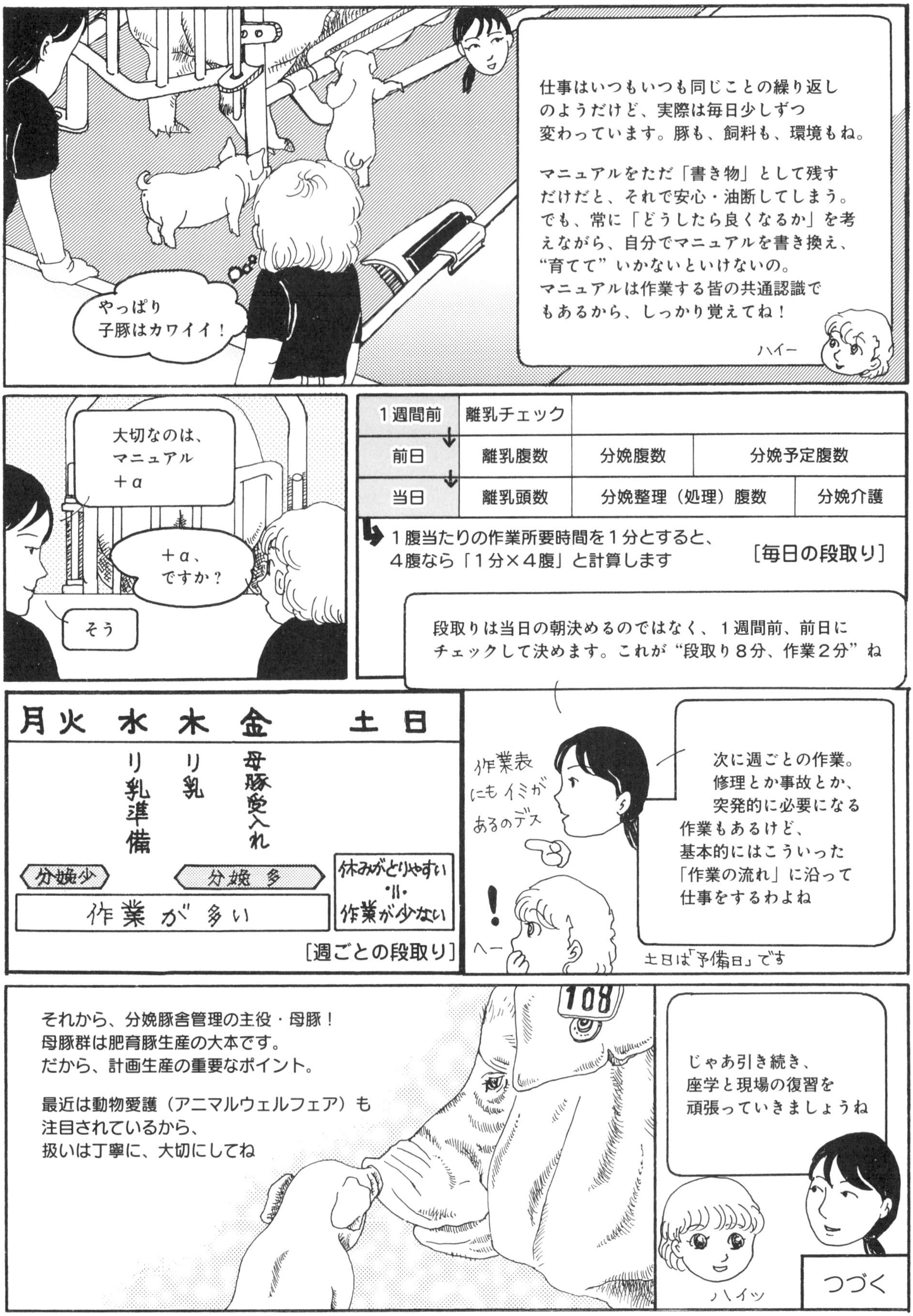
仕事はいつもいつも同じことの繰り返しのようだけど、実際は毎日少しずつ変わっています。豚も、飼料も、環境もね。
マニュアルをただ「書き物」として残すだけだと、それで安心・油断してしまう。でも、常に「どうしたら良くなるか」を考えながら、自分でマニュアルを書き換え、“育てて”いかないといけないの。マニュアルは作業する皆の共通認識でもあるから、しっかり覚えてね！
やっぱり子豚はカワイイ！
ハイー
大切なのは、マニュアル＋α
＋α、ですか？
そう
1週間前 離乳チェック
前日 離乳腹数 分娩腹数 分娩予定腹数
当日 離乳頭数 分娩整理（処理）腹数 分娩介護
1腹当たりの作業所要時間を1分とすると、4腹なら「1分×4腹」と計算します
［毎日の段取り］
段取りは当日の朝決めるのではなく、1週間前、前日にチェックして決めます。これが“段取り8分、作業2分”ね
月 火 水 木 金 土 日
リ乳準備
リ乳
母豚受入れ
分娩少
分娩 多
作業が多い
休みがとりやすい・||・作業が少ない
［週ごとの段取り］
作業表にもイミがあるのデス
次に週ごとの作業。修理とか事故とか、突発的に必要になる作業もあるけど、基本的にはこういった「作業の流れ」に沿って仕事をするわよね
!
へー
土日は「予備日」です
それから、分娩豚舎管理の主役・母豚！母豚群は肥育豚生産の大本です。だから、計画生産の重要なポイント。
最近は動物愛護（アニマルウェルフェア）も注目されているから、扱いは丁寧に、大切にしてね
108
じゃあ引き続き、座学と現場の復習を頑張っていきましょうね
ハイッ
つづく

Question

ボディコンディション・スコア(BCS)ってなに？

Answer

BCSは母豚の体型を主観的に評価する方法です。客観的数値で管理するP2点測定を組み合わせると、より正確なボディコンディション管理を行うことができます。

●自農場での基準をつくろう

BCSは、妊娠期を通じて給餌の目安とされています。**図1**に示すように、平均的な体型をスコア3として、交配時2.5、分娩時3.5の間を維持するように管理します。

繁殖成績向上のためには、まず母豚の栄養要求量を十分に満たしていることが第一条件です。さらに、その栄養レベルを常に安定して摂取できる環境条件が整っていることも、重要な要因となります。

また、スコア3が理想的な体型とされていますが、自農場での繁殖成績を基にして基準となる体型を決め、目標とすることが大切です。飼いやすく、繁殖成績の高い母豚を基準にします。

BCSの利点は、簡単にスコアリングができ、作業に時間がかからないということです。さらに、母豚のバラツキをなくすことで模範となるガイドラインの作成ができる点もメリットの1つです。

●母豚の体重変化

母豚は、体の成長によって体重が増

スコア	1	2	2.5	3	3.5	4	5
BCS	激しくやせ過ぎ	やせ過ぎ	細め	正常	やや太め	太め	太り過ぎ
体型図				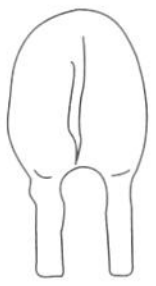		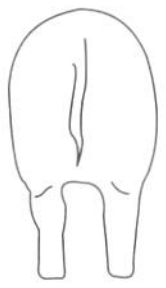	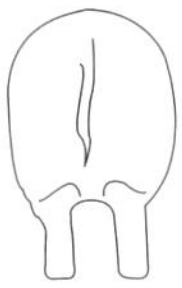
背脂肪P2(㎜)	10～12	12～14	15～16	17～18	18～20	21～23	25以上

図1：BCSの見方（John Gadd）　　（John Gadd）

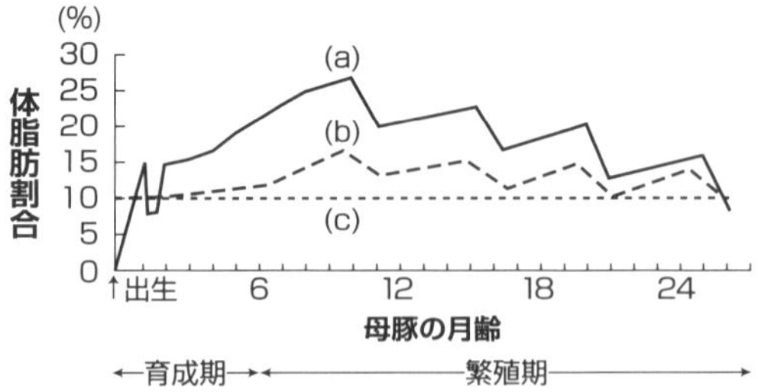

（a）給餌量が十分な場合
（b）体脂肪の蓄積が不足している場合
（c）繁殖に必要最低限の体脂肪量

※体脂肪率は（c）のライン以下には減少しない＝これ以上
エネルギーが必要な場合には、体タンパク質が利用される

図２：母豚の体脂肪の変化　（出典：ピッグサイエンス）

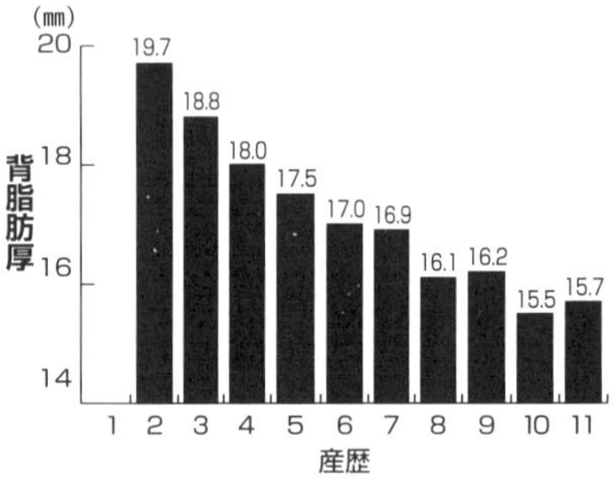

図３：産歴と背脂肪厚の関係

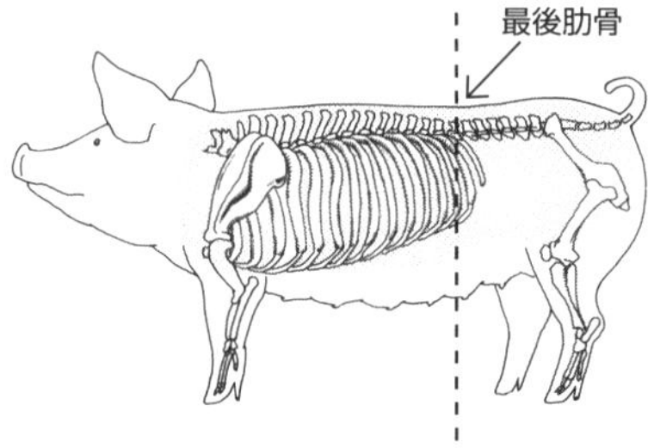

図４：豚の骨格図

加するとともに、体脂肪率が減少していくことが明らかになっています（**図2**）。

泌乳期には、母豚は乳生産のため体重が減少しますが、このときに利用され、減少するのは基本的に体脂肪だけです。ただし、体脂肪の減少が限界を超えると、母豚は自分の体のタンパク質を消費して母乳を生産することになります。

一方、妊娠期には体重も脂肪も増加しますが、脂肪よりも体重の増加率のほうが高くなります。

体重を見るときに注意したいのは次の２点です。

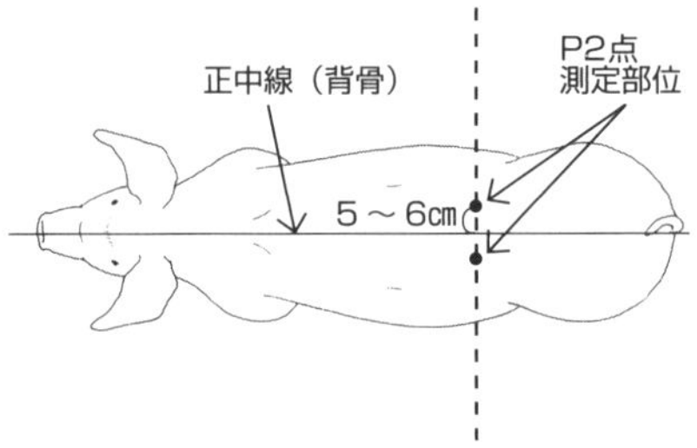

図５：P2点測定部位
最後肋骨の正中線（背骨）から５～６cm 離れた部位を測定する

❶体重や体重の変化は、体調を示す一般的な指標だが、繁殖能力を示す指標としては用いることができない
❷母豚が成熟時筋肉量に達していない場合（特に初産、２産）は、乳生

産のための栄養源として脂肪組織を消費している状態でも、筋肉組織が増加する可能性がある

● 背脂肪厚（P2点）測定

BCSは特別な道具を必要とせずに、簡便なことから広く普及しています。一方で、P2点測定は客観的に数値で示されるため、より精度の高いボディコンディション管理と言えるでしょう。

適切な管理を行えば産歴が進むごとに母豚の体脂肪は減少します。

< P2点測定のポイント>

❶分娩豚舎移動時のP2点の目標は経産豚で19㎜、候補豚の場合は最大で21㎜までが許容範囲である

❷離乳時は16～19㎜の範囲を目標とするが、コンディションが整ってくるとある一定以下の背脂肪厚の母豚は少なくなる

❸測定位置は、最後肋骨部位の背骨から左右に5～6㎝離れた部位である（**図4、5**）

今日は、母豚の給餌
と子豚処置の
復習をしましょう
はい、
よろしく
お願いします
予定表
分娩舎
担当セット

第７話　母豚への給餌と子豚の処置

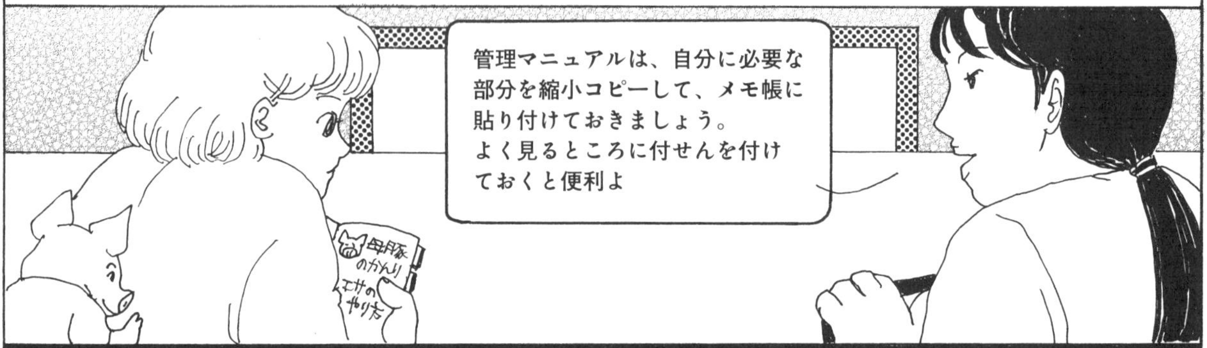
管理マニュアルは、自分に必要な
部分を縮小コピーして、メモ帳に
貼り付けておきましょう。
よく見るところに付せんを付け
ておくと便利よ
母豚のかんり
エサのやり方

＊分娩豚舎における母豚への給餌＊

［給餌の順番］
よりクリーンで、子豚の日齢が若い
群から給餌していくんですよね
①分娩前のグループ
②分娩中～分娩後
１週間のグループ
③分娩後２週目のグループ
④分娩後３週目の
グループ
⑤分娩後４週目の
グループ
（28日齢離乳）

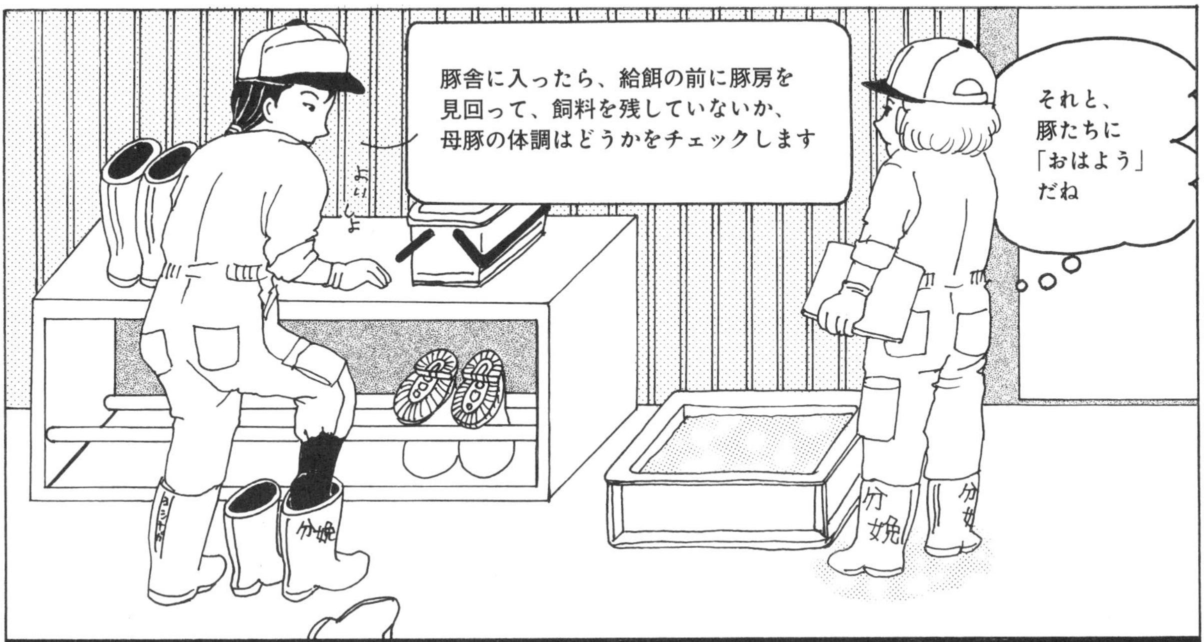
豚舎に入ったら、給餌の前に豚房を
見回って、飼料を残していないか、
母豚の体調はどうかをチェックします
よいしょ
それと、
豚たちに
「おはよう」
だね
分娩
分娩
分娩

＊母豚給餌量の調整－給餌カードの使い方－＊

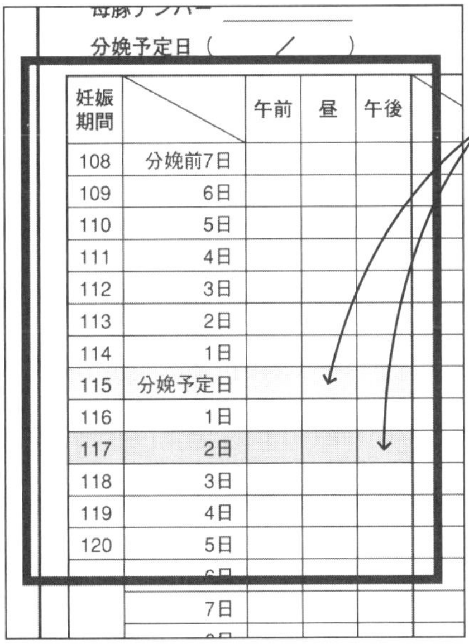

母豚ナンバー ＿＿＿＿＿

分娩予定日（　／　）

妊娠期間		午前	昼	午後	
108	分娩前7日				
109	6日				
110	5日				
111	4日				
112	3日				
113	2日				
114	1日				
115	分娩予定日				
116	1日				
117	2日				
118	3日				
119	4日				
120	5日				
	6日				
	7日				

［母豚の給餌カードの一例］

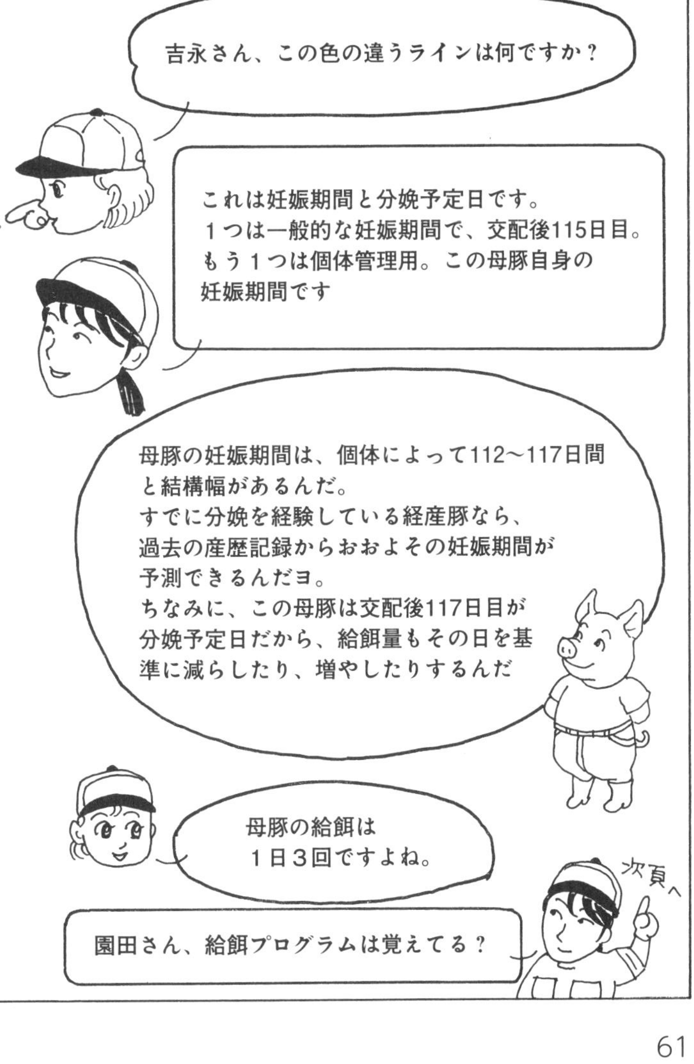
吉永さん、この色の違うラインは何ですか？
これは妊娠期間と分娩予定日です。
１つは一般的な妊娠期間で、交配後115日目。
もう１つは個体管理用。この母豚自身の
妊娠期間です
母豚の妊娠期間は、個体によって112～117日間
と結構幅があるんだ。
すでに分娩を経験している経産豚なら、
過去の産歴記録からおおよその妊娠期間が
予測できるんだヨ。
ちなみに、この母豚は交配後117日目が
分娩予定日だから、給餌量もその日を基
準に減らしたり、増やしたりするんだ
母豚の給餌は
１日３回ですよね。
園田さん、給餌プログラムは覚えてる？
次頁へ

母豚の給餌量＝母豚の体力維持＋母乳の生産

	分娩当日	1日目	2日目	3日目	……………	7日目
朝	0kg	0.5kg	1.0kg	1.5kg	……………	3.5kg
夕	0kg	0.5kg	1.0kg	1.5kg	……………	3.5kg
合計	0kg	1.0kg	2.0kg	3.0kg	……………	7.0kg

8日目以降は、1日3回「朝」「昼」「夕」に給餌します

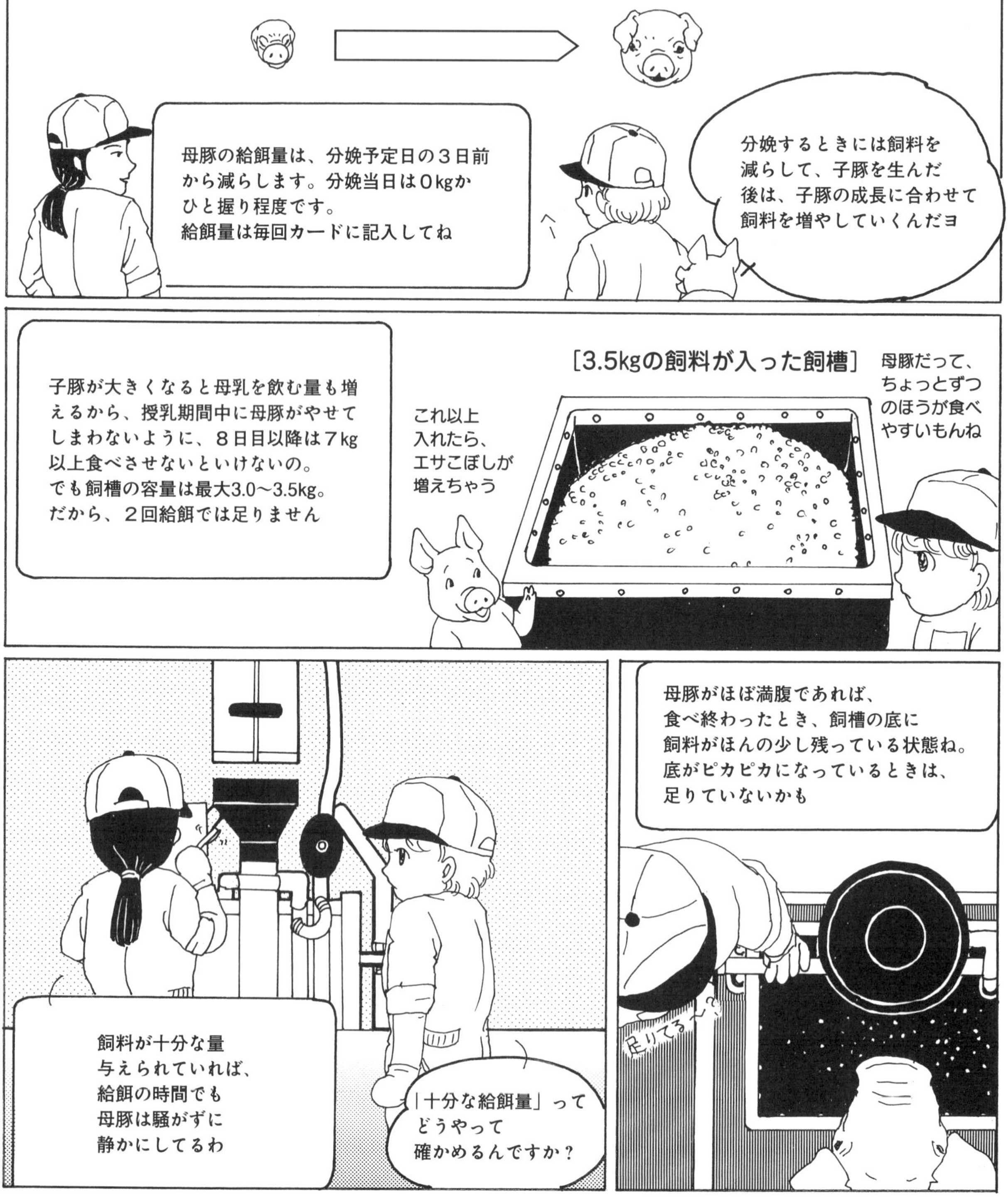
母豚の給餌量は、分娩予定日の３日前から減らします。分娩当日は０kgかひと握り程度です。給餌量は毎回カードに記入してね
分娩するときには飼料を減らして、子豚を生んだ後は、子豚の成長に合わせて飼料を増やしていくんだヨ
子豚が大きくなると母乳を飲む量も増えるから、授乳期間中に母豚がやせてしまわないように、８日目以降は７kg以上食べさせないといけないの。でも飼槽の容量は最大3.0～3.5kg。だから、２回給餌では足りません
[3.5kgの飼料が入った飼槽]
これ以上入れたら、エサこぼしが増えちゃう
母豚だって、ちょっとずつのほうが食べやすいもんね
飼料が十分な量与えられていれば、給餌の時間でも母豚は騒がずに静かにしてるわ
「十分な給餌量」ってどうやって確かめるんですか？
母豚がほぼ満腹であれば、食べ終わったとき、飼槽の底に飼料がほんの少し残っている状態ね。底がピカピカになっているときは、足りていないかも
足りてる〜？

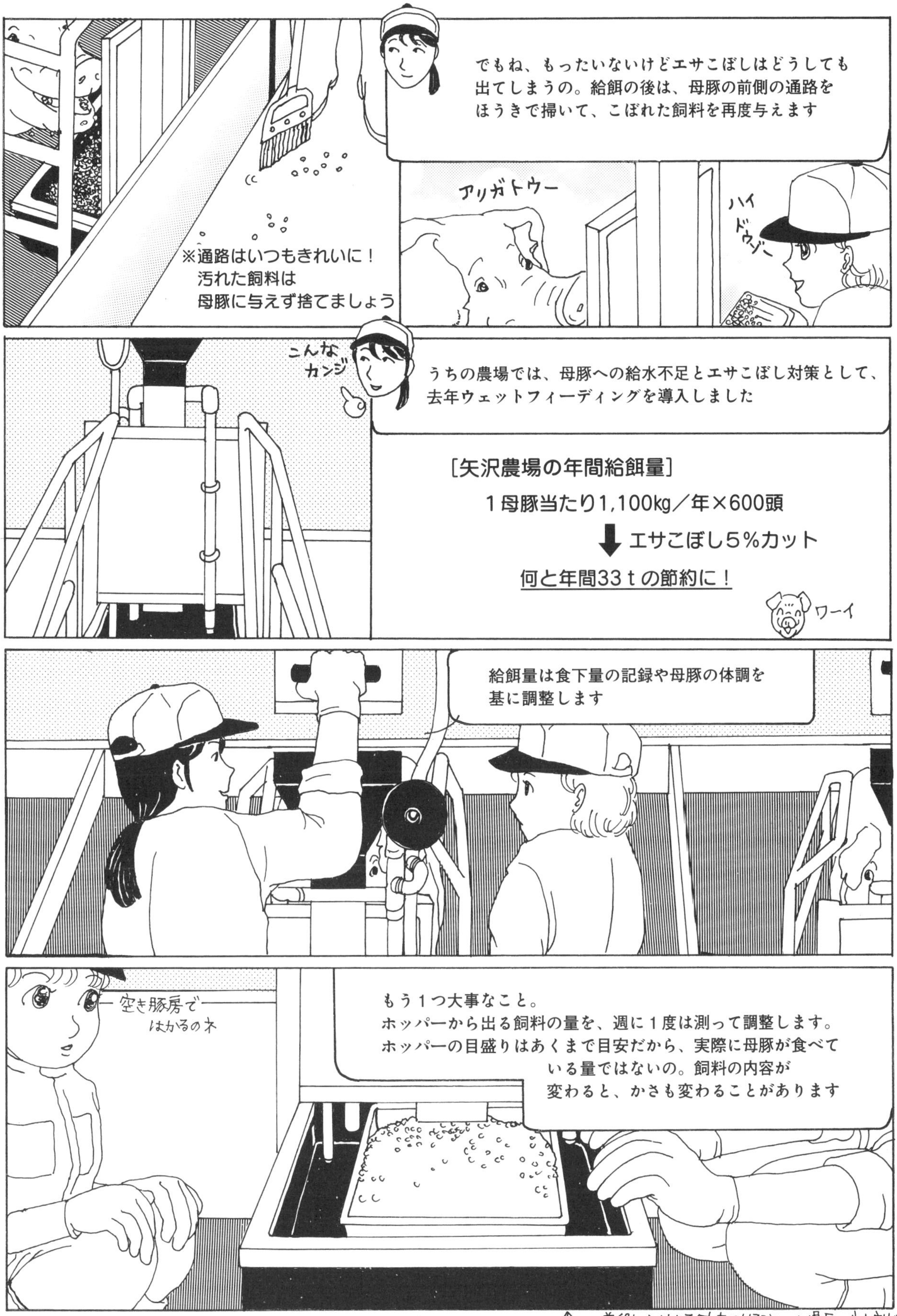
でもね、もったいないけどエサこぼしはどうしても出てしまうの。給餌の後は、母豚の前側の通路をほうきで掃いて、こぼれた飼料を再度与えます
※通路はいつもきれいに！
汚れた飼料は
母豚に与えず捨てましょう
アリガトウー
ハイ ドウゾー
こんな カンジ
うちの農場では、母豚への給水不足とエサこぼし対策として、去年ウェットフィーディングを導入しました
［矢沢農場の年間給餌量］
１母豚当たり1,100kg／年×600頭
エサこぼし５％カット
何と年間33ｔの節約に！
ワーイ
給餌量は食下量の記録や母豚の体調を基に調整します
空き豚房で はかるのネ
もう１つ大事なこと。
ホッパーから出る飼料の量を、週に１度は測って調整します。
ホッパーの目盛りはあくまで目安だから、実際に母豚が食べている量ではないの。飼料の内容が変わると、かさも変わることがあります

↑ 普段から はかるクセをつけること。コレ場長のウケウリです。

＊初生子豚の処置＊

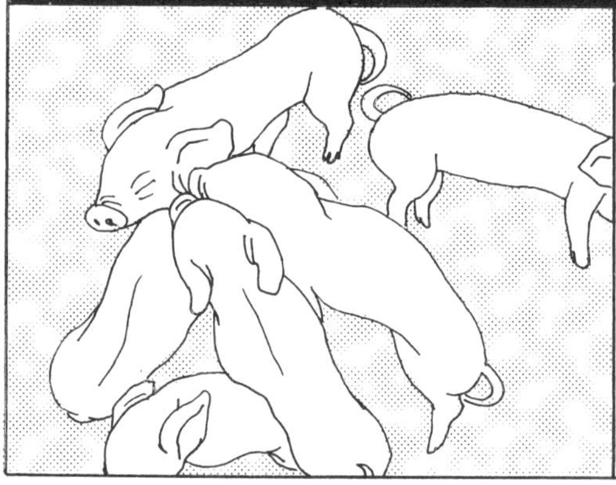

子豚処置の目的は

- ・鉄剤投与　→　貧血防止
- ・抗生物質投与　→　細菌感染予防
- ・断尾　→　尾かじりと、それによる細菌感染予防
- ・耳刻　→　個体識別
- ・去勢　→　肉質（雄臭防止）

ちなみに、ほかの農場では犬歯を
切るところがあるけど、うちではやりません

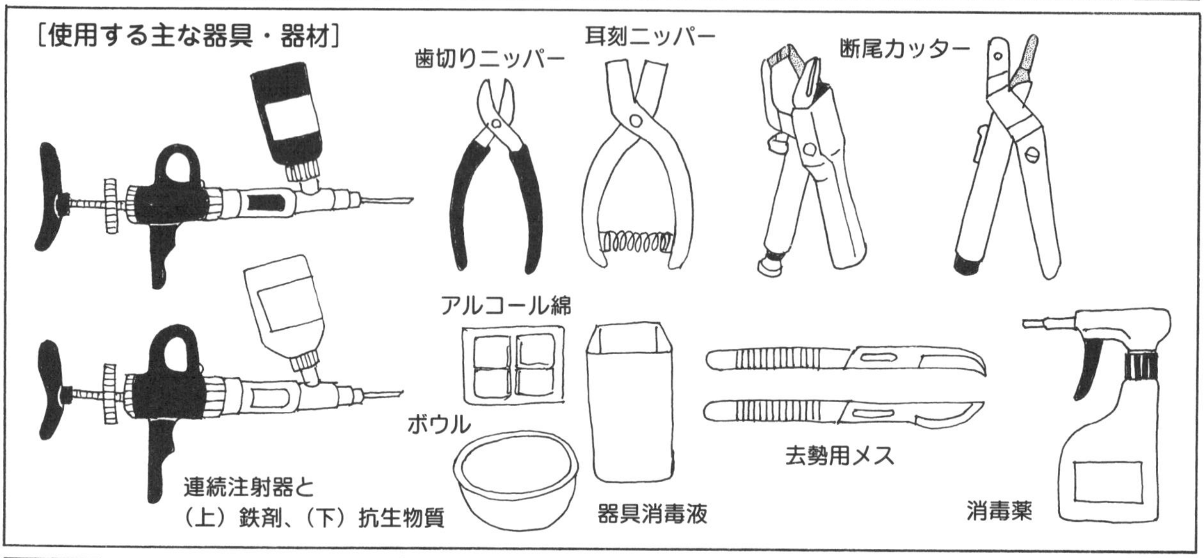

［使用する主な器具・器材］
歯切りニッパー
耳刻ニッパー
断尾カッター
連続注射器と
（上）鉄剤、（下）抗生物質
アルコール綿
ボウル
器具消毒液
去勢用メス
消毒薬

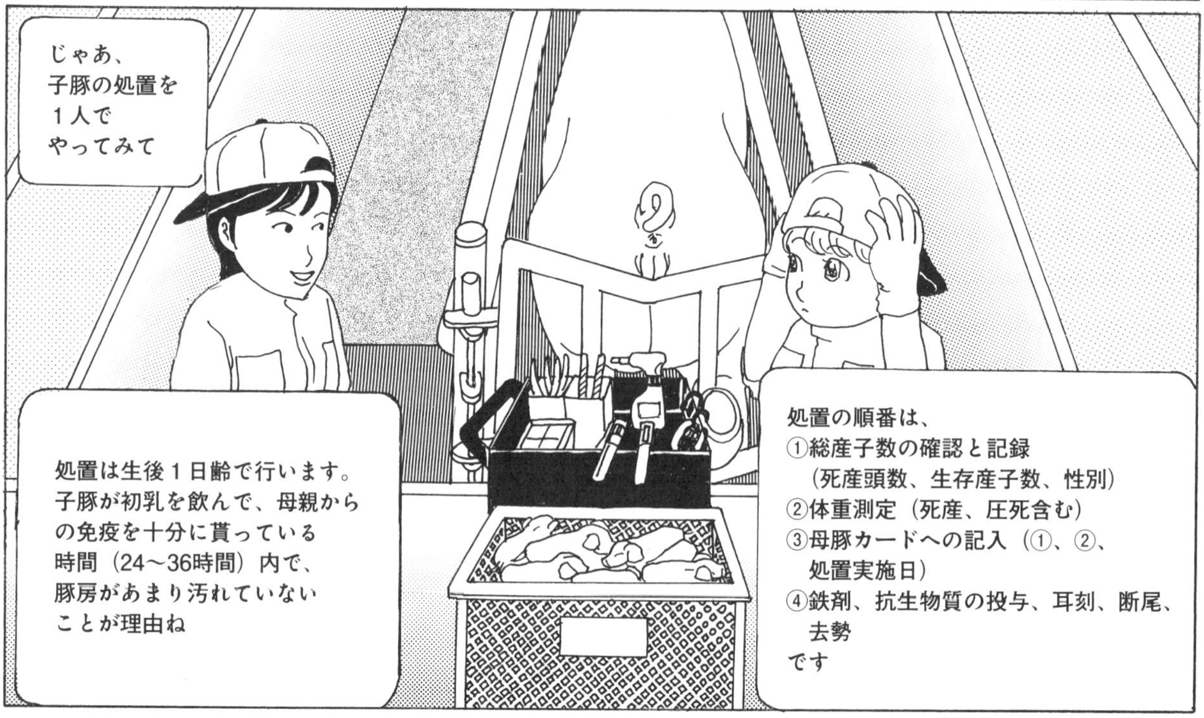

じゃあ、
子豚の処置を
１人で
やってみて
処置は生後１日齢で行います。
子豚が初乳を飲んで、母親から
の免疫を十分に貰っている
時間（24～36時間）内で、
豚房があまり汚れていない
ことが理由ね
処置の順番は、
①総産子数の確認と記録
（死産頭数、生存産子数、性別）
②体重測定（死産、圧死含む）
③母豚カードへの記入（①、②、
処置実施日）
④鉄剤、抗生物質の投与、耳刻、断尾、
去勢
です

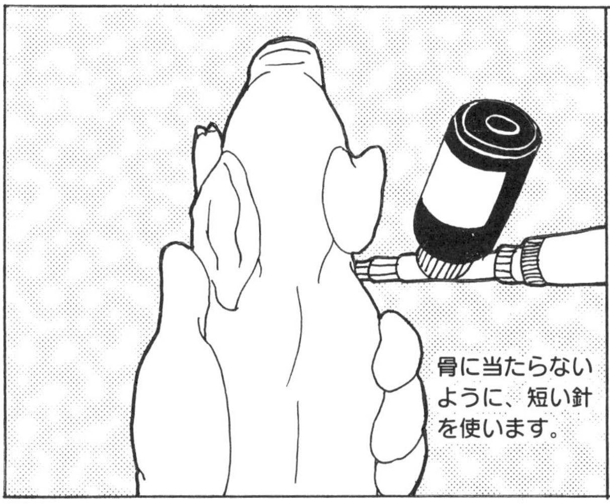
骨に当たらない
ように、短い針
を使います。

［鉄剤の投与］

鉄剤を200㎎投与します。
薬瓶は、開封したら冷蔵庫で保存します。
薬液の注入は、注射部位から流れ出さないように
ゆっくりと。

注射針は、病気の拡大を防ぐため、１腹ごとに交換
します。抗生物質投与も同様に。

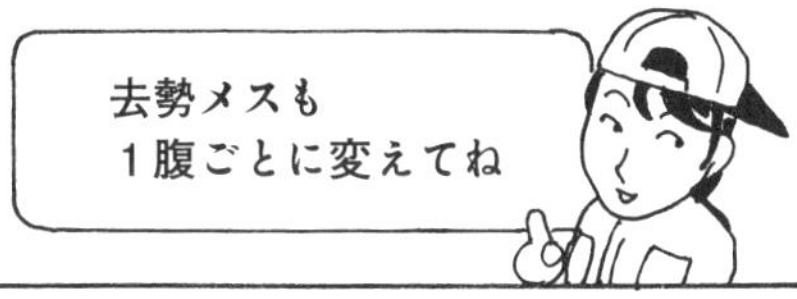
去勢メスも
１腹ごとに変えてね

［耳刻切り］

耳刻を切ることで、母豚（腹ナンバー）と生まれた
週が識別できるようにします。

右耳が生まれた週を、
左耳が腹ナンバーを示しています。

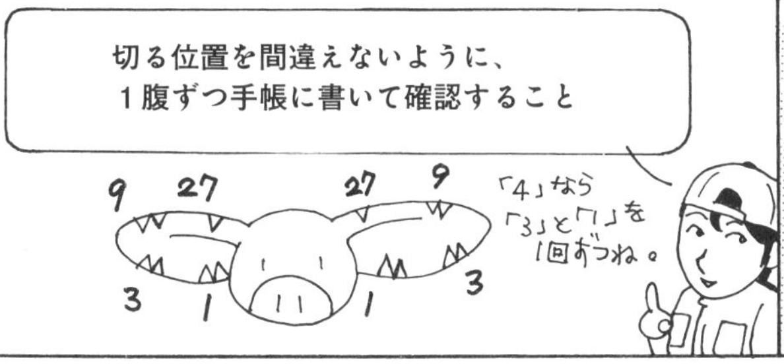
切る位置を間違えないように、
１腹ずつ手帳に書いて確認すること
9
27
27
9
3
1
1
3
「4」なら
「3」と「1」を
1回ずつね。

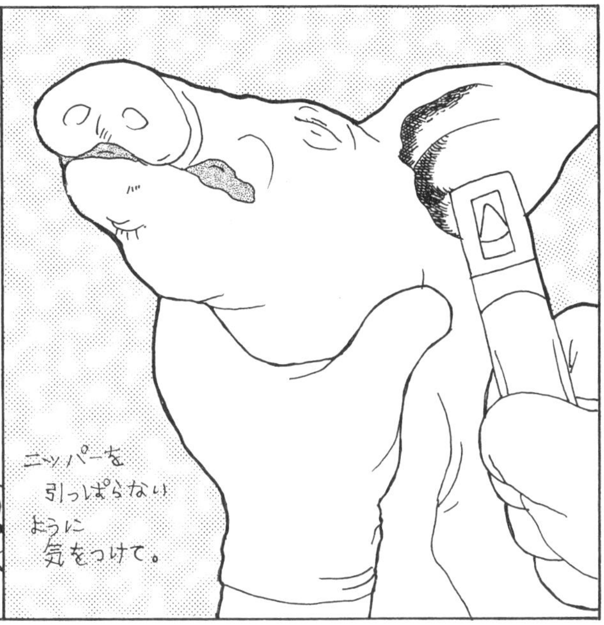
ニッパーを
引っぱらない
ように
気をつけて。

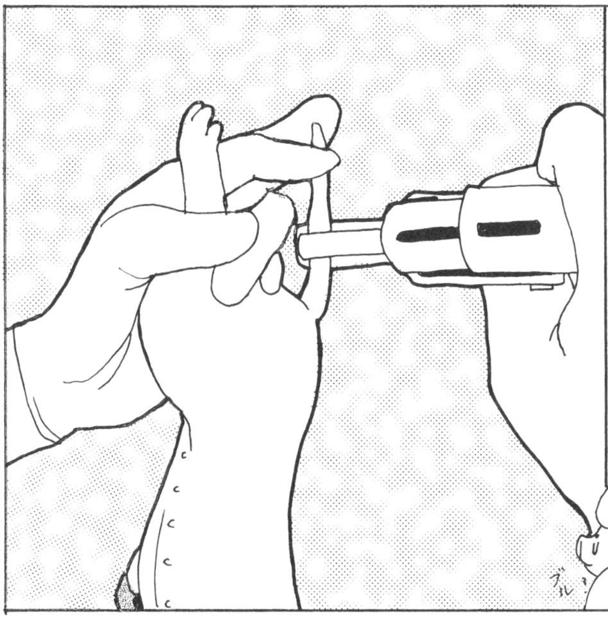

［断尾］

電熱ニッパーを使って、熱でゆっくり焼き切ります。
刃先が十分に高温でなかったり、あせって切ろうと
すると、出血して細菌感染を引き起こしやすくなるので、
注意しましょう。

残す尾の長さは、
　♀：外陰部を覆う程度
　♂：睾丸の最上部まで　　　です。

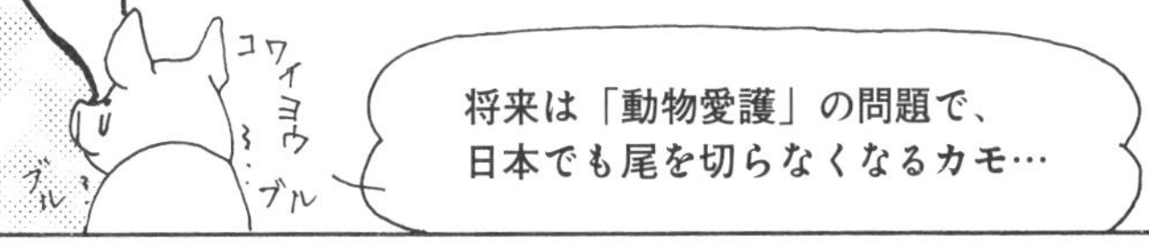
ブル
コワイヨウ
…ブル
将来は「動物愛護」の問題で、
日本でも尾を切らなくなるカモ…

去勢はお手本を見せるわね
よくみててね
ハイ
苦手…

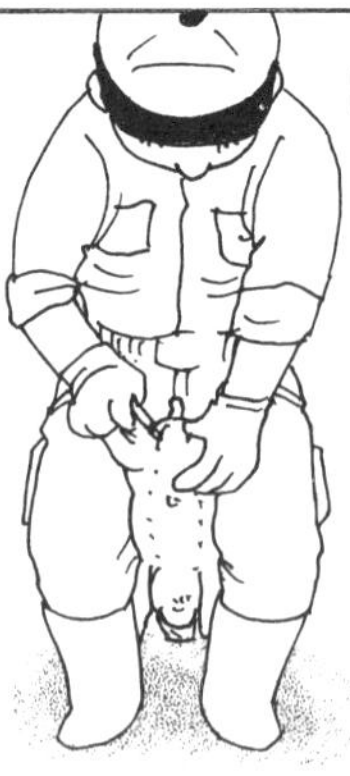

［子豚が大きいときの去勢方法］

女の子は手が小さいことが多いし、子豚が育ち過ぎると与えるストレスが大きくなるので、日齢が早いうちに去勢するほうが楽です

［去勢の手順］

①睾丸をアルコール綿でよく消毒します

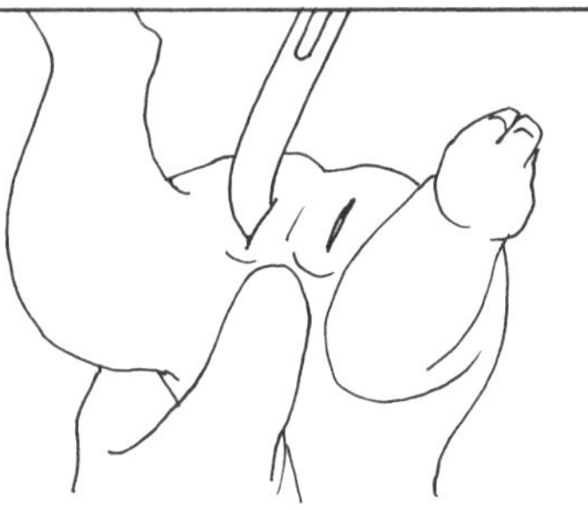

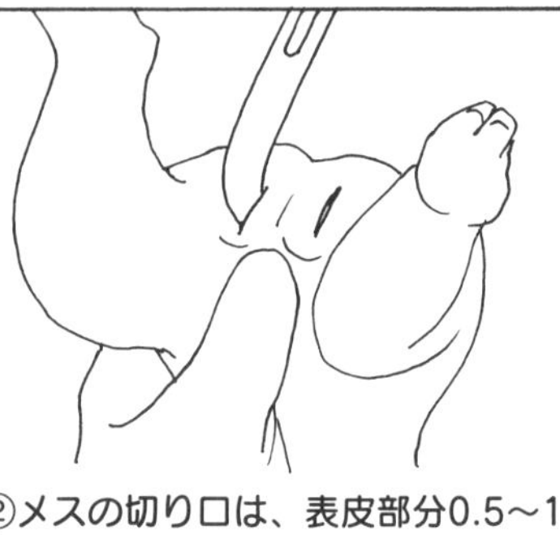

②メスの切り口は、表皮部分0.5〜1.0㎝。できるだけ小さく切ります

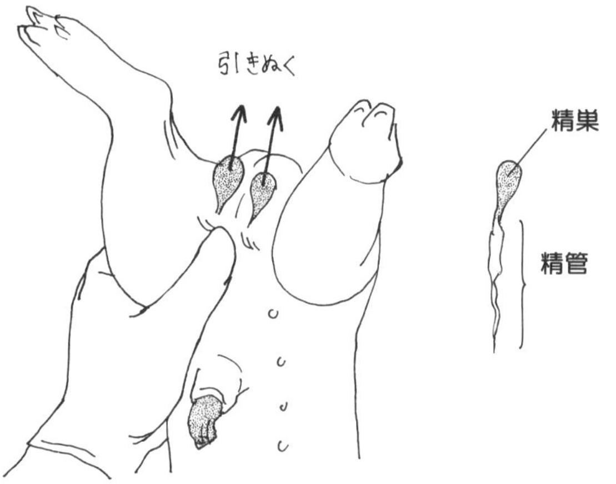
引きぬく
精巣
精管

③睾丸が飛び出すよう、指で押し上げます。
睾丸が出てきたら、精管ごと抜き出すように引っ張ります

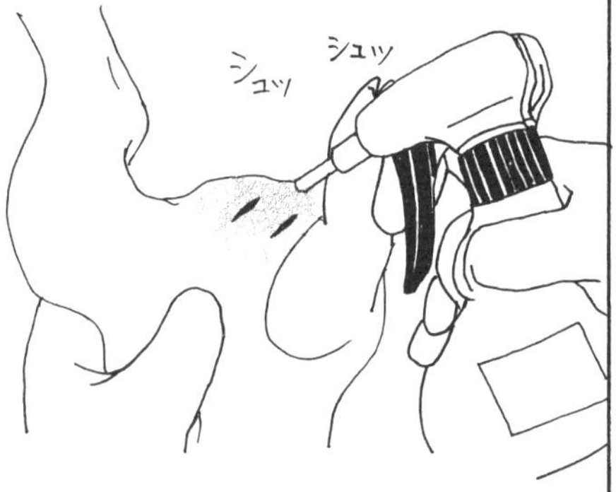
シュッ
シュッ

④切開部は刺激の少ない消毒薬で消毒します。アルコールやヨードチンキは、刺激が強いので避けましょう（一般的には、ポピドンヨードを使用します）

子豚処置は、子豚にとって大きなストレスになるから、素早く正確にね
だいぶ慣れてきたかしら？
はい一、何とか
ひー
ガンバレー
つづく

Question

母豚の給餌のポイントは？

Answer

給餌の目的と意味を理解しておきましょう。特に分娩豚舎での給餌は、母豚のコンディション維持、泌乳などに影響するため、母豚の食欲をよく観察することが大切です。

● 母豚の給餌は何のため？

あなたは自分が飼っている母豚に何を求めますか？　どの農場でも、多くの子豚を生み、子豚の離乳体重を大きくし、次の繁殖の準備に早く取り掛かることを求めるはずですね。

そのためには、母豚の給餌管理が何より大切です。必要以上に太らせたり、極端にやせさせたりしないように毎日の給餌にもっと関心を持ちましょう。給餌管理とは、母豚の健康をいつも最高の状態で維持することです。それが最高の繁殖成績へとつながります。

多くの農場で母豚の体型をそろえるために、ボディコンディションスコア（BCS）やP2背脂肪厚を測定してベストコンディションを数値化しようと努力しています。スタッフ間のブレをなくし、成績を確実に上げていくためにも「見える化」は非常に重要なことです。

● 妊娠豚舎での給餌管理

交配後３週間は、子宮に着床する受精卵数を最大にするために、飼料の多給はやめましょう。またストレスは最大の敵ですので、管理者はストレスを除去するように努力しましょう。

妊娠後期の段階では、母豚の体を維持する維持飼料として、体重の1％相当（体重200kgの母豚であれば2.0kg／日）の飼料が必要です。さらに胎子の発育と母豚の乳腺組織発達のために体重の0.5％（1.0kg／日）の飼料が必要なので、合計体重の1.5％（体重200kgの母豚では3.0kg／日）の増量が必要になります。

母豚は早めに分娩豚舎に移動します。体をきれいに洗ってから移動させますが、分娩前の母豚、特に初産豚は非常に神経質になっていますので、環境に慣れさせるために少なくとも分娩予定５日前には移動しておきましょう。

冬場では、妊娠豚舎と分娩豚舎では舎内温度の日較差が驚くほどありますので、母豚が体調を崩すこともあります。

これらのストレスを緩和するため、妊娠豚舎と同じ量の飼料を与えます。妊娠期用飼料が理想的ですが、ラインなどの問題で難しい場合は授乳期用飼料でも構いません。胎子は分娩直前まで発育していますので、しっかりと栄養を取る必要があるのです。

●分娩豚舎での給餌管理

分娩豚舎では、1日2回以上給餌します。1回目は午前中に、2回目は午後3時以降に与えます。通常の季節では、午後の給餌は午前より量を多くしますが、夏場は逆にします。夏場は暑さで食欲が落ちますので、早朝の涼しい時間帯に給餌しましょう。

分娩後は7～10日で飽食状態（フルフィード）になるように、毎日給餌量を増やしていきます。増量する前に、与えていた飼料をきれいに食べているか確認しましょう。残っているようであれば、おなかがいっぱいなのか、それ以外の要因なのかを考えなければいけません。

母豚がおなかいっぱいになっている状況とはどういうものでしょうか。毎日、給餌1～2時間後に飼槽をのぞいてみてください。よだれや水が溜まっているようでは、その母豚は満足しておらず、まだ飼料を欲しがっています。トウモロコシの粒が少し残っていればほぼ満足の状況です。満腹感があれば、人間が豚舎に入っても鳴き叫んだり、飼槽をガタガタ揺らすようなこともありません。誰が入っても静かだと母豚はすっかり満足している状態です。

昼間にも与える3回給餌は、飽食状態になった分娩10～11日目以降に実施します。給餌回数を増やすことで、1日の食下量を増やすことができます。母豚の給餌で大事なことは、給与した量ではなく実際に食べた量です。人と同じように、母豚も少量ずつ回数を多く食べた方が体からの熱の発生を抑えますので、特に暑熱期には負担が少なくなります。

給与の目安は、可消化エネルギー（DE／ダイジェスティブ・エネルギー）換算で、平均1万8,000kcal／日を目安にしましょう。妊娠期用飼料では平均5.5kg／日、授乳期用飼料で平均5.2kg／日となります。

給餌は、飼料給与ガイドラインに沿って行いますが、あくまでも個体別に管理することが前提です。母豚のくせをよく観察し、見抜くことが成功の秘けつです。

●母豚が飼料を食べなくなったら…

❶飼槽を空にしてきれいに清掃します

❷1回飼料を抜きます

❸次回給与時には、前回の半量を与えます

❹飼料を食べない理由を探します（病気なのか、飲水量なのか、環境的な問題なのか、など）

●飼料を食べるには水が大事！

泌乳や母豚のコンディション維持

のため、分娩豚舎では多くの飼料を食べさせる必要があります。しかし、そのためにはきれいな水が欠かせませんし､当然ですが量も必要です。1.5～2.0ℓ／分の流量が必要ですので、毎日ピッカーからの水の出方、量を点検しましょう。どぶ餌（飼料が水の中にどっぷりと浸かっている）状態にすると、母豚は飼料をよく食べます。

暑熱期には70～80ℓ／日の水を飲みますし、通常の季節でも40～60ℓ／日は水を飲むことを忘れないでください。ピッカーを使用している分娩豚房では、設置位置が飲みやすい高さ、角度かどうかを確認してください（39ページ参照)。

泌乳という大仕事を行う母豚は、体内に老廃物が多く溜まりますので、大量の水を飲んで早く体から出してやりましょう。38～40ページのコラムでも説明していますが、豚は腎臓の機能が低いのです。

分娩豚舎での母豚給餌は、母豚の生涯の生産性を左右する大事な管理ポイントです。このわずか3～4週間で次の繁殖成績が決まってしまいますし、子豚の発育のスタートラインでもあります。

泌乳量を最高にして、なおかつ母豚の体型を維持するために、分娩豚舎の母豚には「きれいで新鮮な飼料・水」を与えましょう。

母豚ナンバー ＿＿＿＿＿＿　　グループ（　　　　）

分娩予定日（　　／　　）　　豚房（　　　　）

妊娠期間		午前	昼	午後		午前	昼	午後
108	分娩前7日				16日			
109	6日				17日			
110	5日				18日			
111	4日				19日			
112	3日				20日			
113	2日				21日			
114	1日				22日			
115	分娩予定日				23日			
116	1日				24日			
117	2日				25日			
118	3日				26日			
119	4日				27日			
120	5日				28日			
	6日				29日			
	7日				30日			
	8日				31日			
	9日				32日			
	10日				33日			
	11日				34日			
	12日				35日			
	13日				36日			
	14日				37日			
	15日				38日			
	合計				合計			

図：母豚給餌カードの例

「分娩前の母豚グループで給餌調整をする場合、母豚カードに記録された前歴の妊娠期間（種付けから分娩日までの日数）を参考にする」…か

吉永さん、
妊娠期間って確か個体差があるんでしたよね？
そう、特に大切なのは分娩前。母豚の体内で胎子がぐぐっと成長する時期の給餌ね
胎子が大きくなるのは、妊娠期のいつごろなんですか？

第８話　分娩前後の管理

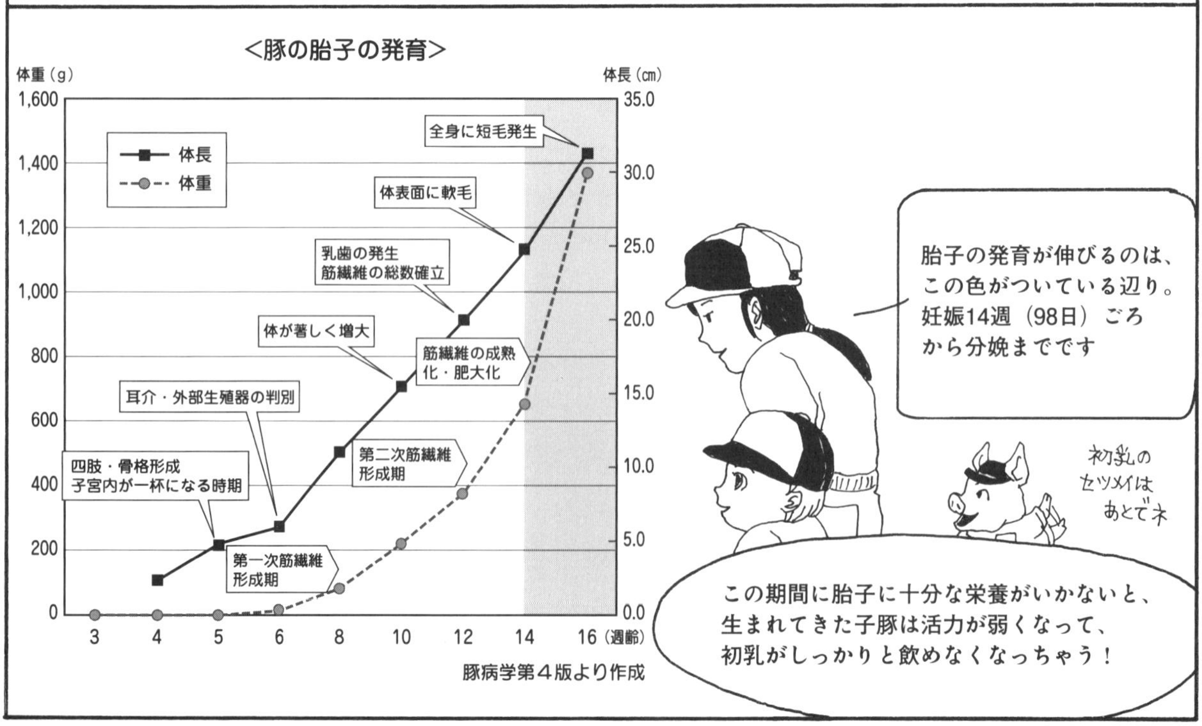
<豚の胎子の発育>
体重（g）
体長（cm）
1,600
1,400
1,200
1,000
800
600
400
200
0
35.0
30.0
25.0
20.0
15.0
10.0
5.0
0.0
体長
体重
全身に短毛発生
体表面に軟毛
乳歯の発生
筋繊維の総数確立
体が著しく増大
筋繊維の成熟化・肥大化
耳介・外部生殖器の判別
四肢・骨格形成
子宮内が一杯になる時期
第二次筋繊維形成期
第一次筋繊維形成期
3
4
5
6
8
10
12
14
16（週齢）
豚病学第４版より作成
胎子の発育が伸びるのは、この色がついている辺り。妊娠14週（98日）ごろから分娩までです
初乳のセツメイはあとでネ
この期間に胎子に十分な栄養がいかないと、生まれてきた子豚は活力が弱くなって、初乳がしっかりと飲めなくなっちゃう！

分娩前の給餌では失敗したことがあってね…。 それぞれの妊娠期間をちゃんとチェックしないで、どの母豚も同じように115日目から給餌量を減らしたの
そうしたら、お産に時間がかかる母豚がいて、生まれてきた子豚は何だか活力がないし、生時体重も900ｇ未満の未熟子が増えるし…散々だったわ
未熟子の半分くらいは離乳までたどり着けないから、そのときは最終手段として人工乳をお湯で溶いて与えたけど、結局ダメだった…
最近はγグロブリン入りの人工乳があるからズイブン助かるネ
いくら人間が頑張って手助けしても、母豚の子育てにはかなわないのよね。あくまで私たちにできるのは、母豚のお手伝いだけ
ん
だから、母豚が快適に過ごせるように、毎日の観察と環境管理が大切なんですね！
チョットチョット！環境管理のポイント**「三大基本要素」**覚えてる？ ①新鮮な飼料②新鮮な水 ③暖かくて乾燥したすき間風のない生活場所だヨ！
＊分娩前の準備①＊
水量 1～1.5ℓ／分、きれいな水は出ている？
洗浄 飼槽＆スノコ＆分娩柵＆壁の隅に汚れはこびりついていない？
温度 ±２℃以内。導入日22℃。分娩３日前に26℃になるよう徐々に上げていく
豚房の除ふん＆通路掃除 朝夕の２回行って、母豚の様子を確認する
園田さん、分からないことがあったら、すぐにマニュアルで確認してね
えぇっと、水量チェックは分娩受け入れ前に、温度は毎日確認でしたよね

＊分娩徴候＊

分娩前の母豚のしぐさや様子、いわゆる**「分娩徴候」**は、分娩準備の目安として大切だって話したわよね。復習してみましょうか
はい

① 巣づくり行動　前足や鼻で、床をかくようなしぐさをする

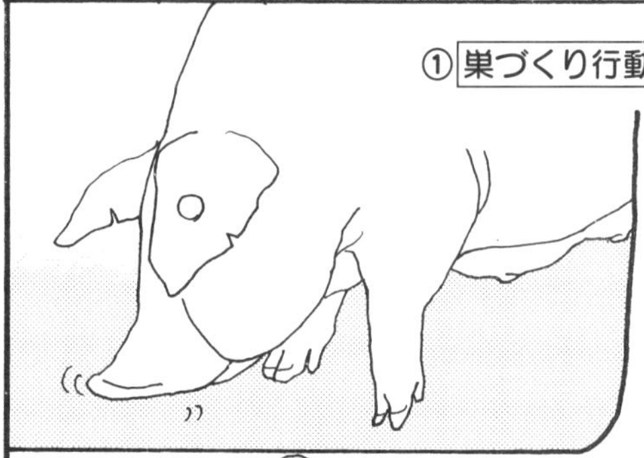

② 泌乳・射乳の確認
乳頭を軽くつまんで絞ってみて、乳がにじみ出る程度は“泌乳”、「ピュー」っと勢いよく出るのが“射乳”

泌乳
乳はまだ比較的軟らかい。
翌日以降に分娩開始

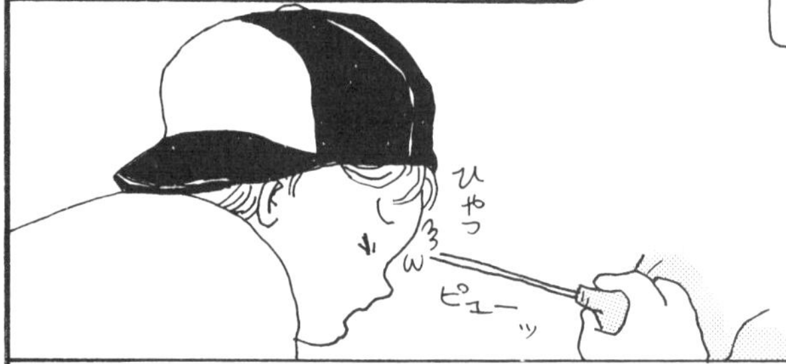
ひやっ
ピューッ

気になるときは、
朝夕の２回
試してみてね

射乳
乳が張って、ツヤツヤした感じ。
数時間以内に分娩開始

［そのほかの分娩徴候］
③ 食欲が落ちる。起立している時間が短くなる
④ 腹式呼吸が目立ってくる。神経質な感じになってくる

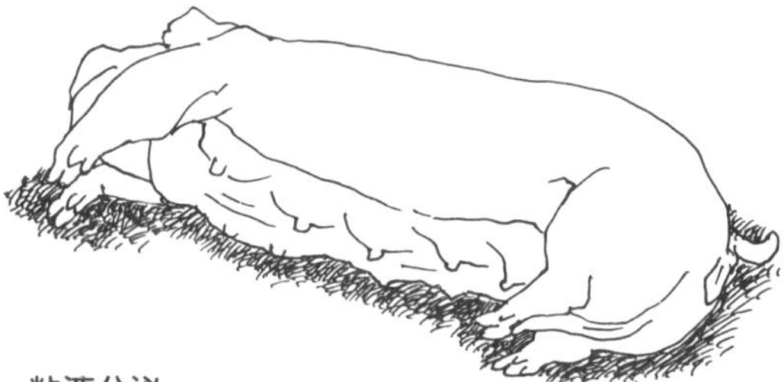

⑤ 外陰部の変化

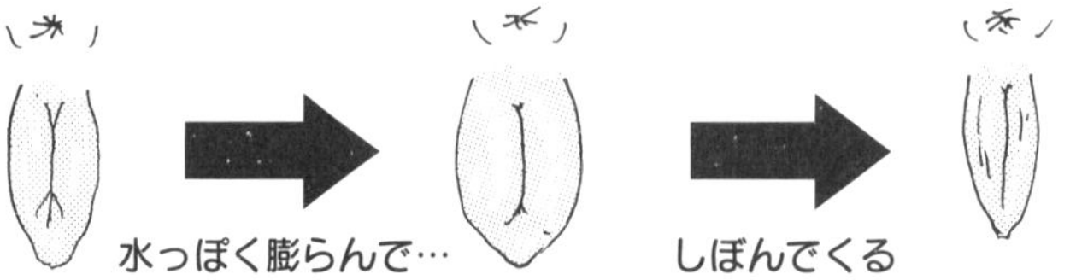
水っぽく膨らんで…
しぼんでくる
粘液分泌

（分娩約１週間前）

母豚を決めて、生むまでスケッチすると分かりやすくなるヨ
フムフム

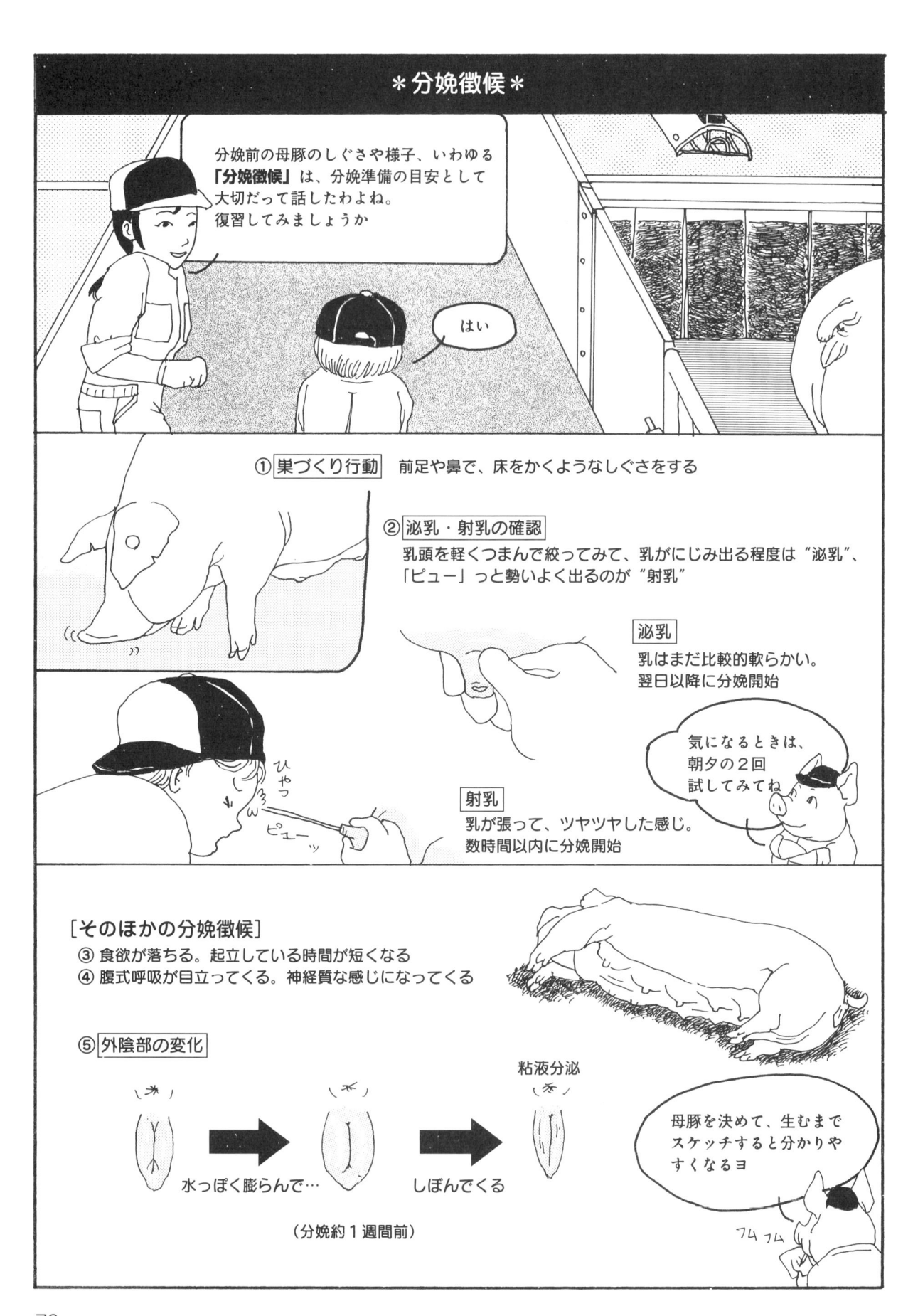

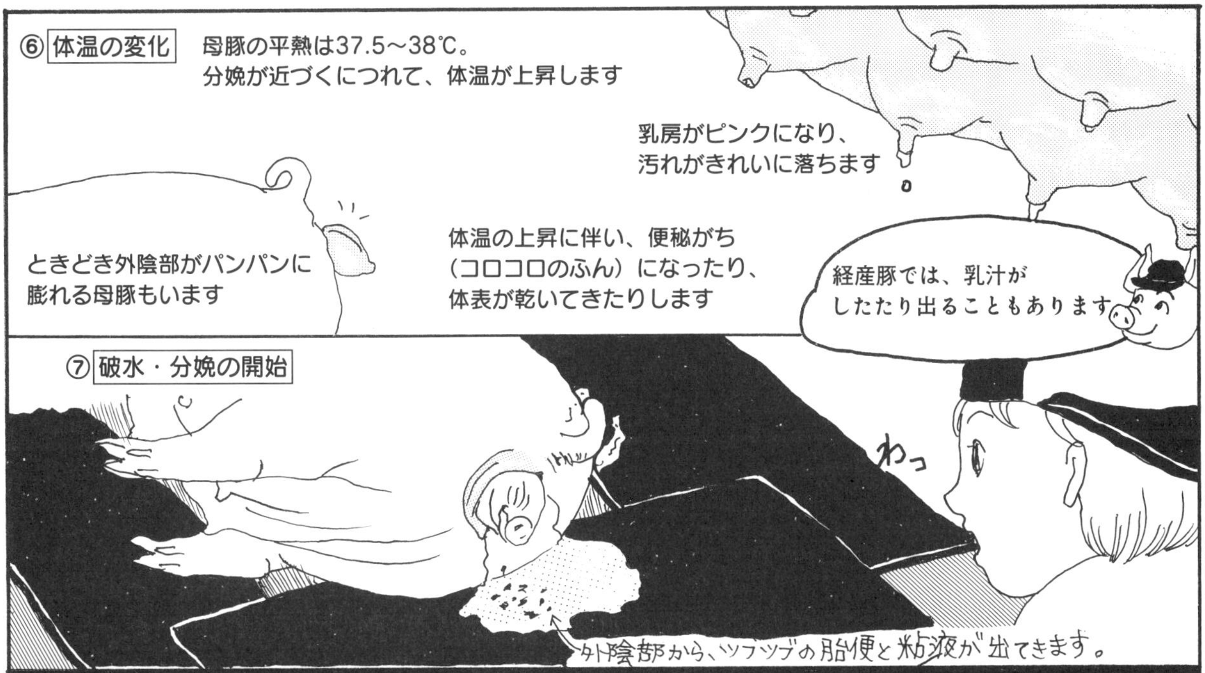
⑥ 体温の変化
母豚の平熱は37.5～38℃。
分娩が近づくにつれて、体温が上昇します
乳房がピンクになり、
汚れがきれいに落ちます
ときどき外陰部がパンパンに
膨れる母豚もいます
体温の上昇に伴い、便秘がち
（コロコロのふん）になったり、
体表が乾いてきたりします
経産豚では、乳汁が
したたり出ることもあります
⑦ 破水・分娩の開始
わっ
外陰部から、ツブツブの胎便と粘液が出てきます。

＊分娩前の準備②＊

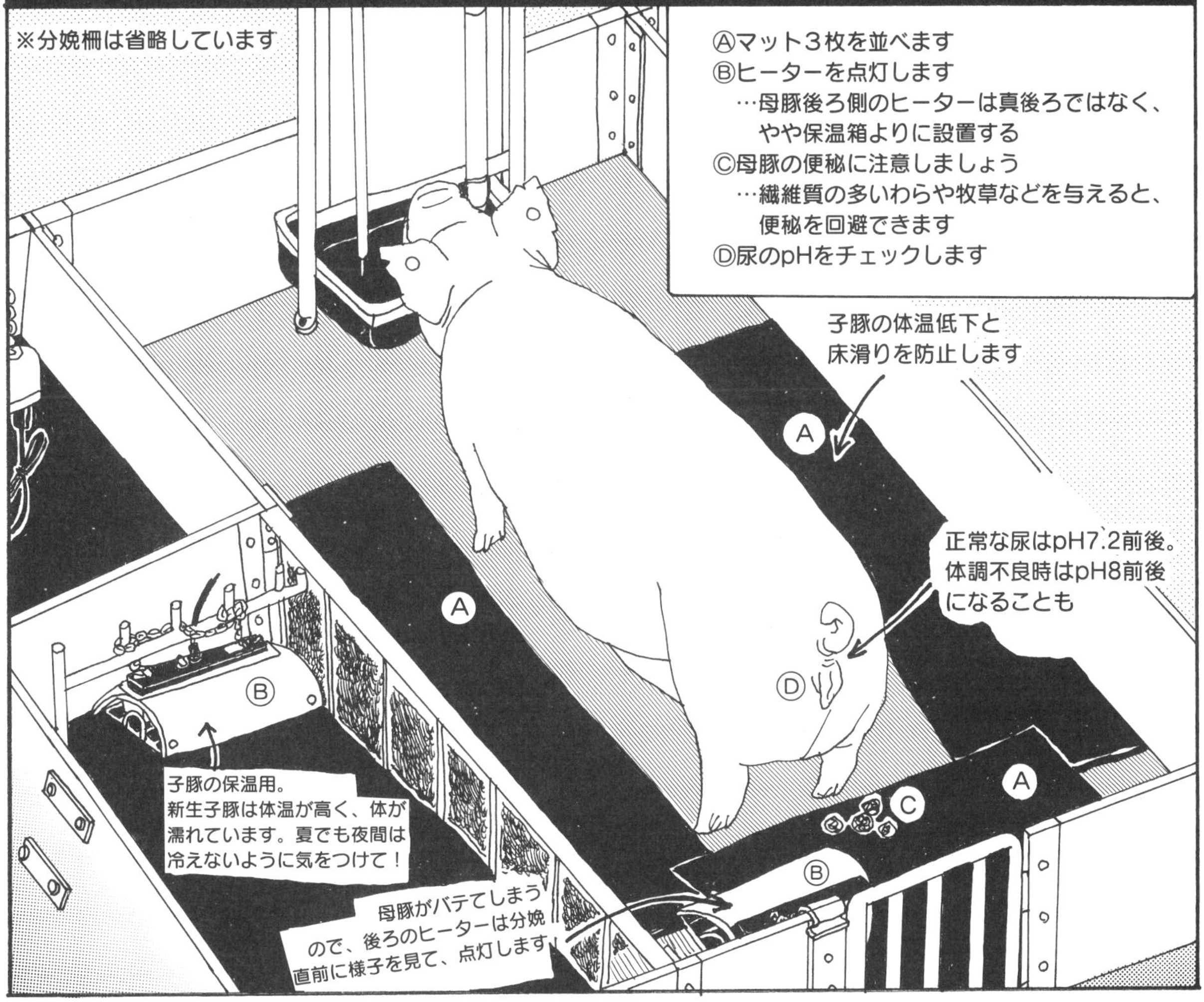
※分娩柵は省略しています
Ⓐマット３枚を並べます
Ⓑヒーターを点灯します
…母豚後ろ側のヒーターは真後ろではなく、
やや保温箱よりに設置する
Ⓒ母豚の便秘に注意しましょう
…繊維質の多いわらや牧草などを与えると、
便秘を回避できます
Ⓓ尿のpHをチェックします
子豚の体温低下と
床滑りを防止します
A
A
A
正常な尿はpH7.2前後。
体調不良時はpH8前後
になることも
D
C
B
B
子豚の保温用。
新生子豚は体温が高く、体が
濡れています。夏でも夜間は
冷えないように気をつけて！
母豚がバテてしまう
ので、後ろのヒーターは分娩
直前に様子を見て、点灯します

ゴムシートを設置したり、ヒーターを点灯したりするのは、すべての子豚が体力を奪われずに、きちんと初乳を飲めるようにするためよ
初乳は子豚の免疫のためにはとても大切だから、小さくて弱い子豚も全頭初乳を飲めるように、**「分割授乳」**を行うことも大事ね
吉永さん、初乳は大事って何度も聞きましたけど、絶対に子豚に飲ませないといけないものなんですか？
初乳については、ボクが説明しまーす
ハイハイー

＊初乳とは？＊

［母子免疫の移行］

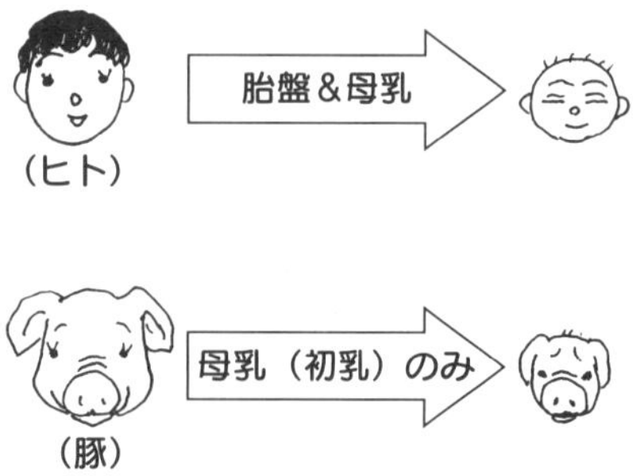
胎盤＆母乳
（ヒト）
母乳（初乳）のみ
（豚）

ヒトと豚では、胎盤の構造が異なります。

牛や豚では、母親の持つ免疫を胎盤を介して胎子へ移行させることができません。このため、生まれてからすぐに分泌される母乳（＝初乳）が必要になるのです。

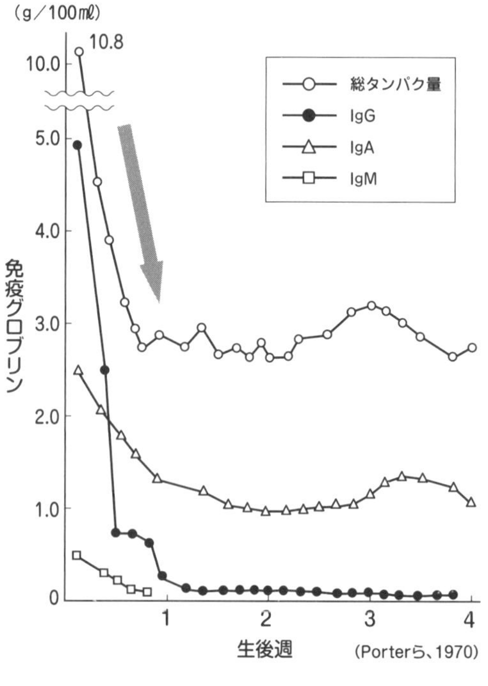
（g／100mℓ）
10.8
10.0
5.0
4.0
3.0
2.0
1.0
0
免疫グロブリン
総タンパク量
IgG
IgA
IgM
1
2
3
4
生後週
（Porterら、1970）

＜豚乳中の免疫グロブリン量の推移＞

＜新生子豚の初乳中の免疫抗体の吸収能力＞

生後経過時間	抗体吸収能力
0～3時間	100%
3～9時間	50%
9～12時間	5～10%

え!?
このグラフでは、お母さんの母乳中の免疫成分が日を追うごとに減ってるよ！上の表を見ると、子豚が免疫成分を吸収できる時間も限られてるみたい！
そうそう！だから、子豚の初乳摂取は時間が勝負なんだヨ！
それ急げ！

＊分割授乳ーしっかり初乳を飲ませましょうー＊

［分割授乳とは？］

１腹の子豚に均一に初乳を飲ませる方法です。

子豚のうち、大きいほうから半数を保温箱やカゴに閉じ込め、まず小さい子豚に初乳を飲ませます。

分割授乳実施のポイントは？

☆朝、分娩が終わっていたら…
　→午前中＆午後に各１時間ずつ
☆午前中に分娩が終了したら…
　→その日の午後＆翌朝の１時間ずつ

成功の秘けつは？
フム

☆「初乳が出ている時間、子豚が吸収できる時間は短い」ということを理解する
☆「母豚が安心して分娩できる環境」を整えておく

＊里子ーしっかり母乳を飲ませましょうー＊

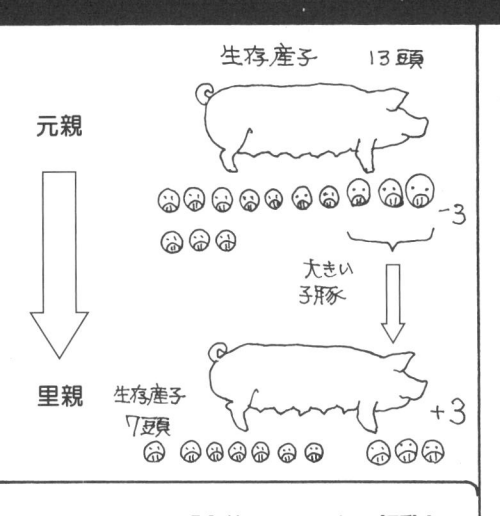

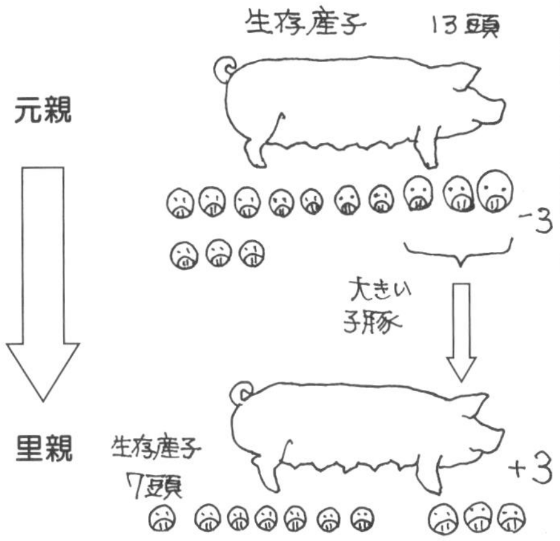
生存産子　13頭
元親
-3
大きい
子豚
里親
生存産子
7頭
+3

里子は、子豚が**「自分のお母さんの初乳」**をきちんと飲んだことを確認してから実施します。
実施するのは、分娩後２～３日以内です

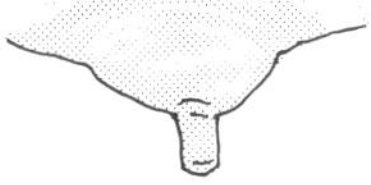

飲みやすい乳頭

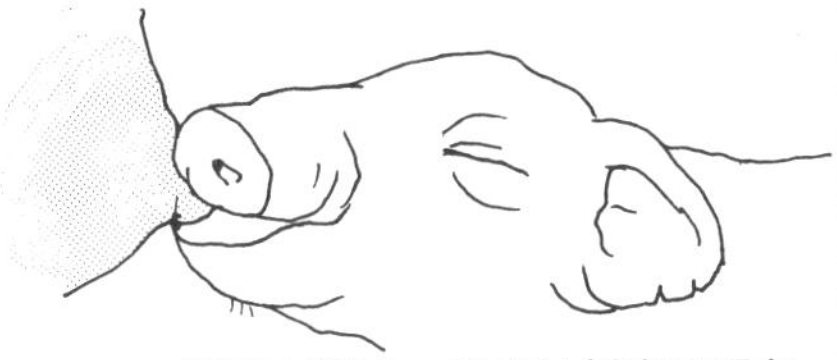

乳頭が細く、小さい新生子豚も口に含みやすい

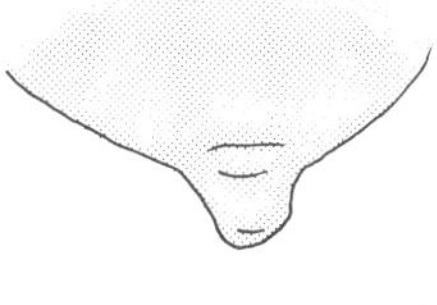

飲みにくい乳頭

乳房の位置が高く、乳頭が大きいので、新生子豚は口に含みづらい

里子のポイントは、乳頭の形と母豚の気性

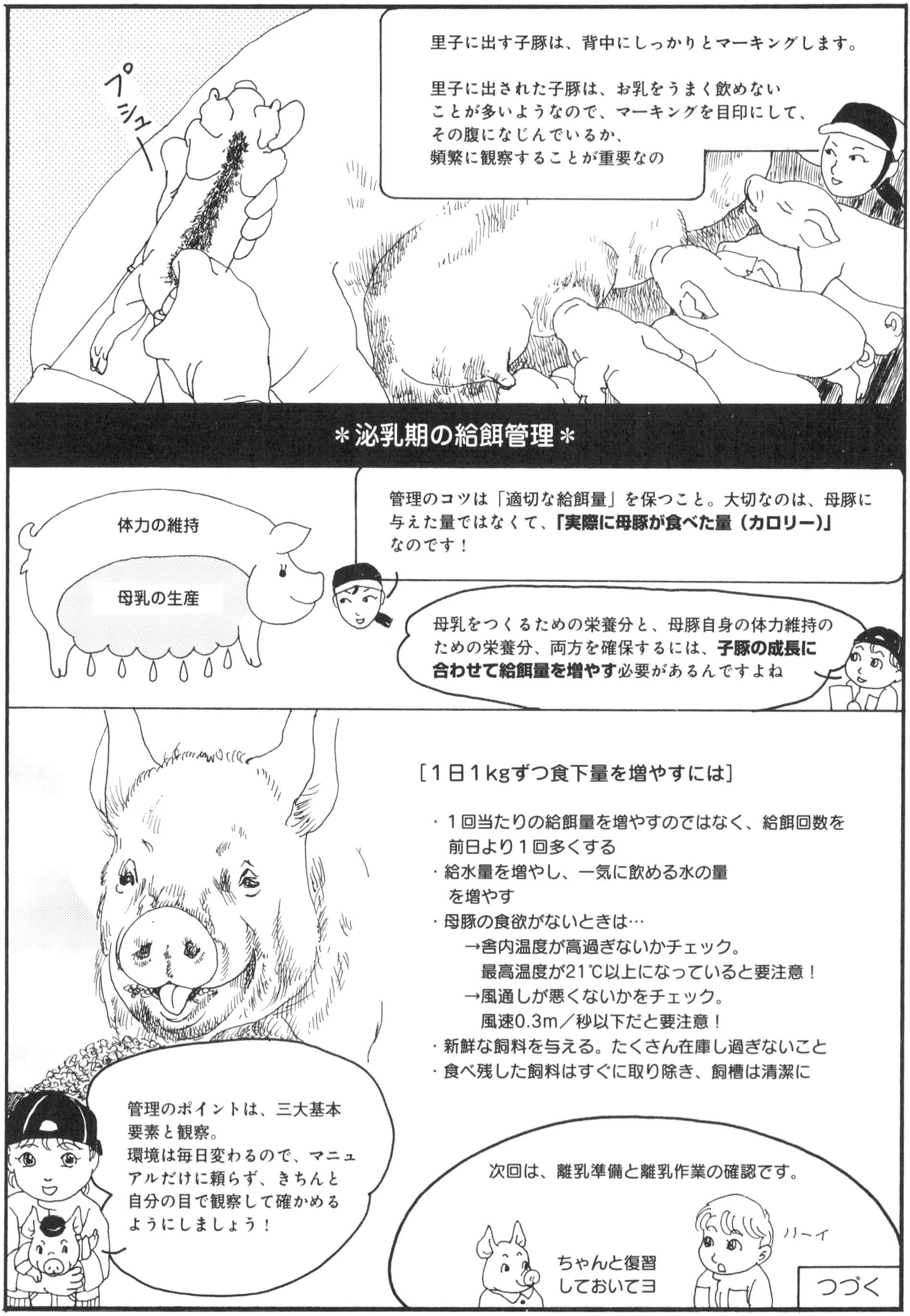
プシュー
里子に出す子豚は、背中にしっかりとマーキングします。
里子に出された子豚は、お乳をうまく飲めないことが多いようなので、マーキングを目印にして、その腹になじんでいるか、頻繁に観察することが重要なの
＊泌乳期の給餌管理＊
体力の維持
母乳の生産
管理のコツは「適切な給餌量」を保つこと。大切なのは、母豚に与えた量ではなくて、**「実際に母豚が食べた量（カロリー）」**なのです！
母乳をつくるための栄養分と、母豚自身の体力維持のための栄養分、両方を確保するには、**子豚の成長に合わせて給餌量を増やす**必要があるんですよね
［１日１kgずつ食下量を増やすには］
・１回当たりの給餌量を増やすのではなく、給餌回数を前日より１回多くする
・給水量を増やし、一気に飲める水の量を増やす
・母豚の食欲がないときは…
→舎内温度が高過ぎないかチェック。最高温度が21℃以上になっていると要注意！
→風通しが悪くないかをチェック。風速0.3m／秒以下だと要注意！
・新鮮な飼料を与える。たくさん在庫し過ぎないこと
・食べ残した飼料はすぐに取り除き、飼槽は清潔に
管理のポイントは、三大基本要素と観察。
環境は毎日変わるので、マニュアルだけに頼らず、きちんと自分の目で観察して確かめるようにしましょう！
次回は、離乳準備と離乳作業の確認です。
ちゃんと復習しておいてヨ
ハーイ
つづく

Question

初乳と常乳について教えて

Answer

子豚は胎内では母豚から免疫を受け取ることができません。順調な発育のためには生まれてから飲む免疫成分たっぷりの初乳と常乳がとても重要なのです。

●初乳とは？

幼弱動物は免疫能力が未熟で、自分の力では病気から身を守ることができないため、お母さんから免疫物質をもらわなければなりません。

ヒトの場合は、免疫物質は胎盤から赤ちゃんに移行しますが、豚は胎盤からの免疫移行がないため、生まれたばかりの子豚は外部の病原菌に対して全くの無防備です。

子豚は初乳を飲むことで初めて、免疫抗体という「武器」と「食料」をもらい、生き抜く力を得ることができます（**図1**）。

母乳中には、主に2種類の免疫抗体が存在します。1つは免疫グロブリンG（IgG）と呼ばれる抗体で哺乳子豚の血液中に取り込まれ、全身的な免疫作用をつかさどります。もう1つは免疫グロブリンA（IgA）と呼ばれる抗体で、消化管や呼吸器官の粘膜に付着して局所的に免疫作用を行っています。

初乳にはこの両方の抗体が豊富に含まれており、特に全身的な免疫作用を行うIgGを多量に含むという特徴があります。

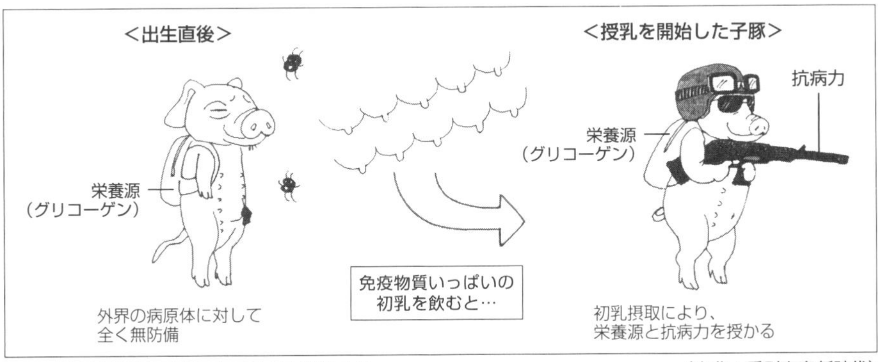

図1：子豚は初乳を飲むことで免疫を獲得する　（出典：季刊畜産新時代）

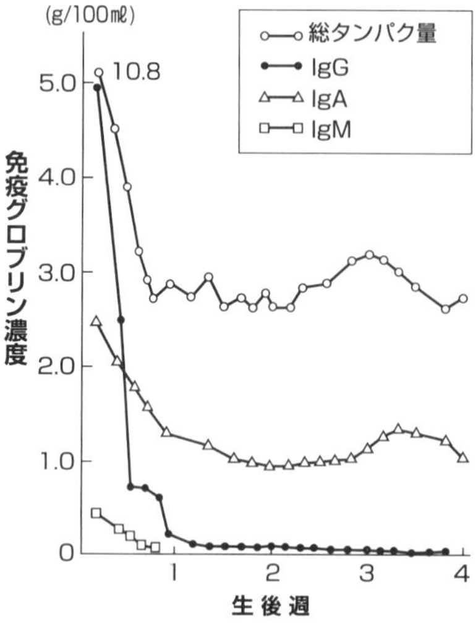

図2：豚乳汁中の免疫グロブリン推移（Porter ら、1970）

表1：新生子豚の初乳中の免疫抗体の吸収能力

生後経過時間	抗体吸収能力
0～3時間	100%
3～9時間	50%
9～12時間	5～10%

（出典：武田薬品工業㈱）

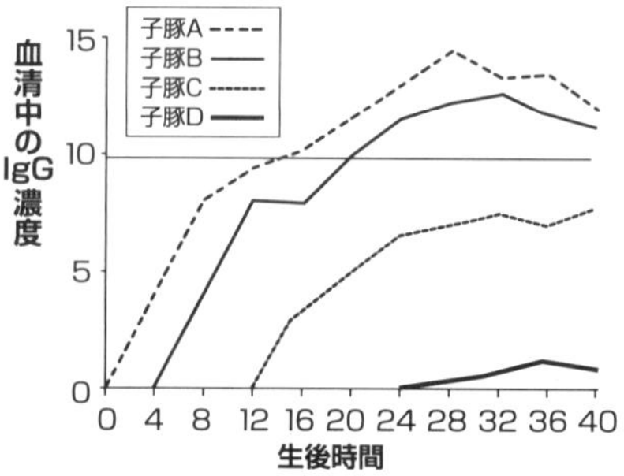

図3：初乳の摂取時期と IgG 濃度　（伊藤原図）

図4：腸管細胞壁の変化と抗体吸収　（出典：季刊畜産新時代）

出生直後はすべての免疫物質が腸管細胞壁を通過できるが、24 時間後には粘膜の網が徐々にせまくなり、48 時間後にはほとんどの免疫物質が通過できなくなる

●初乳が出ている時間は短い

子豚にしっかりと免疫を付けさせるためには、まず初乳の特性を理解することが重要です。

初乳が出ている時間は、24 時間以内ととても短いことが分かっています（**図2**）。また、哺乳子豚が初乳中の免疫抗体を吸収できる時間も、生後ごく短い時間に限られています。生後３時間以内ではほぼ 100%吸収できますが、半日くらい経過すると５～ 10%しか吸収しなくなり、24 ～ 36 時間で吸収能力はなくなります（**表1、図3、4**）。このため、生後できるだけ早い時期に初乳を飲ませることが大切です。

●初乳を飲ませるための工夫

万全に準備を整えても、生まれてくる子豚の活力や大きさには差が出ます。このようなとき、１腹の子豚に均等に初乳を飲ませる有効な手段として「分割授乳」があります。

分割授乳を成功させる秘けつは、①分娩前の準備がすべて終わっていて、母豚が安心して短時間で分娩・授乳できる環境を備えていること②初乳の出ている時間が短いと管理者が十分に理解していることです。

初乳は最強のワクチンであることを忘れないでください。

＜分割授乳の方法＞

・1腹のうち、大きい方から半数の子豚をカゴなどに閉じ込めて、残りの小さい子豚たちを自由にして初乳を飲ませます
・1時間後に大きな子豚たちをカゴから出します
・朝分娩が終わっていたら、午前と午後各1時間ずつ、午前中に分娩が終了したら、その日の午後と翌日の朝に各1時間ずつ分割授乳を行います

●常乳とは？

常乳は初乳に比べIgGの量は減少しますがIgAはかなり含まれており、局所的な免疫作用を強化します（**図1**）。

初乳の重要性ばかり取り上げられがちですが、IgG、IgAのどちらも大切な免疫物質ですから、哺乳期間中には初乳、常乳の両方をたっぷり飲ませることが非常に大事なのです。

❶泌乳量

泌乳量は産子数、産次、分娩後の時期、乳頭の部位により異なります。

産子数が多いほど全泌乳量は増加しますが、子豚1頭当たりの授乳量は減少することになります。乳頭部位では前側の乳頭ほどよく母乳が出ます。産次では2、3産目に一番多く泌乳します。

豚は自然下では分娩後約8～9週間泌乳することが知られています。季節や品種などで多少異なりますが、分娩後徐々に泌乳量は増加し、3～4週目をピークに少しずつ減少していきます。

1回の泌乳（40～60秒程度）で、子豚は1頭当たり平均約30～50gの母乳を摂取します。1時間に約1回泌乳しますから、1日1頭当たりの摂取量に換算すると吸乳量は約800～1,200gにもなります。

❷成分

豚の常乳の化学組成は、以下のような値です。

・脂肪：6.0～11.0%
・タンパク質：5.5～6.5%
・ラクトース：4.0～5.0%
・無機質：0.8～1.0%
・全固形分：16.0～23.0%

牛乳（ホルスタイン種）の固形分12.0%、タンパク質3.3%、脂肪3.5%に比べると豚乳はかなり濃厚です。乳脂肪で考えると、母豚は高泌乳牛に匹敵する生産能力を持っています。

母乳の成分を安定させるために重要なのが、母豚の体調管理と食下量です。母豚に与える飼料の量は、給餌量ではなく、実際に母豚が食べた量が大事なのです。マンガでも書きましたが、分娩後は少なくとも母豚が1日に1㎏ずつ多く飼料を食べられるような工夫が重要です。具体的な方法は76ページを参照してください。

第９話　離乳までの準備と管理

今日は木曜日だから、通常作業と離乳。
離乳は、午前中が母豚の移動で、
午後に離乳した子豚の移動。
明日は午前中が講義。金曜日だから
午後は分娩豚舎の受け入れ作業…と
わー やること イッパイ
只今段取カクニン中

前日
園田さん、
離乳のときに大事なことが２つあったわね
１つは、母豚の分娩前から離乳までの期間の体重変化。
２つ目は、前に話した授乳期間中の給餌管理がきちんとできているか。
覚えているかしら？
もちかた ムズカシイ
キュ～
えぇっと…
授乳期間中に「実際に母豚が食べた量（カロリー）」が大事…なんだっけ…
第８話の「泌乳期の給餌管理」を見てね

どちらも毎日の給餌量で
大まかに把握できるけど、
できるだけ、離乳時点
と分娩前での母豚の
体重に大きな変化が
出ないようにしなくて
はいけないの
あ、この間教えてもらい
ましたよね。
「母豚は離乳時に
体重が１割減ならば良し」
と言われてるって
でも、何で
だったかな？
１割の計算は
コチラ

＊母豚の体重変化＊

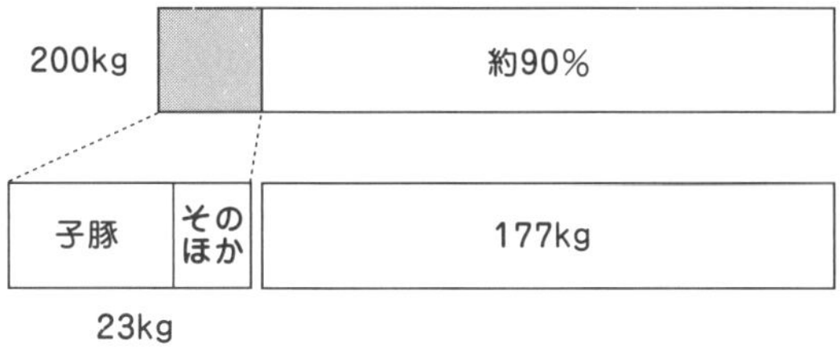
200kg
約90%
子豚
そのほか
177kg
23kg

分娩前の母豚体重（胎子の体重を含む）を「200kg」とすると…

分娩後の母豚体重は

200kg － 23kg ＝ 177kg

⇩

分娩前の母豚体重の約90%

子豚体重（１腹12頭分娩と仮定）

1.5kg × 12頭 ＝	18kg	} 23kg
そのほか（胎盤、羊水）	5kg	

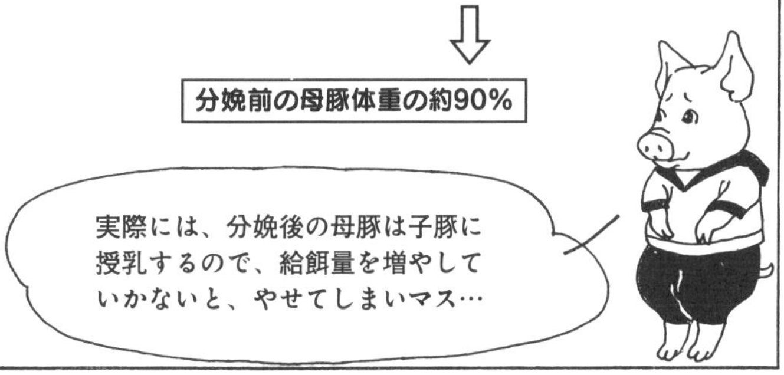
実際には、分娩後の母豚は子豚に
授乳するので、給餌量を増やして
いかないと、やせてしまいマス…

母豚の体型評価には、ボディコンディションスコア（BCS）を使ったり、リーンメーターでP2点という部分（最後肋骨の背骨から５～６㎝右の背脂肪厚）を測り、その値を参考にしたりします※
両方合わせて行うと、より正確に評価できます

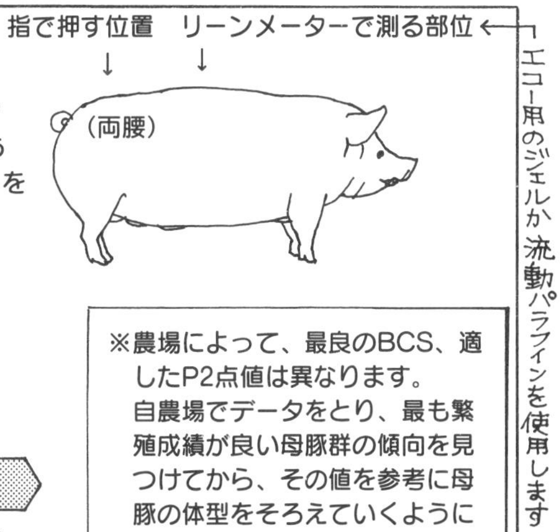
指で押す位置
リーンメーターで測る部位
（両腰）
エコー用のジェルか流動パラフィンを使用します

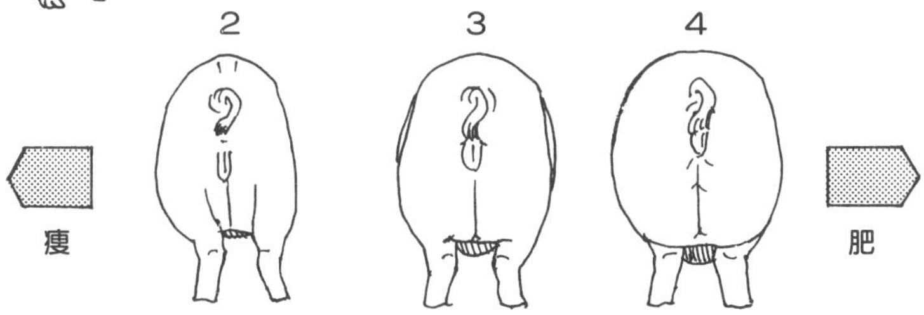
2
3
4
痩
肥

［BCSの見方］

分娩前は３～3.5、離乳後は2.5～３を目標にします

※農場によって、最良のBCS、適したP2点値は異なります。
自農場でデータをとり、最も繁殖成績が良い母豚群の傾向を見つけてから、その値を参考に母豚の体型をそろえていくように心掛けましょう。
ちなみに、一般的な離乳時P2背脂肪厚は16～19mmです。

※詳細は、57～59ページのコラム参照

＊母豚の授乳中食下量＊

そういえば
母豚の繁殖サイクルの講義のとき、場長から「母豚は1日40ℓも水を飲む」とお聞きしました。これって分娩豚舎でのことですよね？
第6話を見てネ
そう！　それがさっき言った母豚の授乳中の食下量と深い関係があるんです
復習しておいてヨカッタ…
デショ？

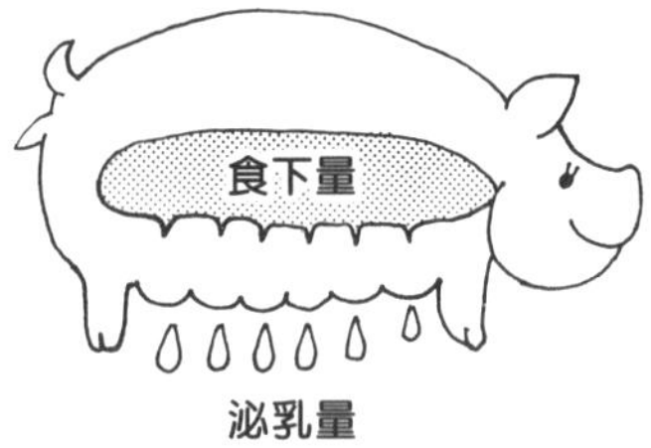
食下量
泌乳量

授乳中の母豚にとって、水を飲むことはとても大切です。
たっぷり水が飲めないと、十分な飼料を食べることができなくなってしまいます。

子豚の成長に合わせて、必要な泌乳量を確保するためには、
徐々に食下量も増やしていかなくてはいけません。

母豚は1日で子豚1頭当たり800～1,200g泌乳します。哺乳子豚の離乳時総体重は70kg以上が目標です

このためには、1日40～50ℓの水が必要なのです
だから1日3回給餌するんですね！

＊分娩豚舎での離乳準備と在庫管理＊

今日
園田さん、これ今日離乳する母豚の一覧表。繁殖担当者には、昨日のうちに渡してあるから
内容は離乳母豚数だけじゃなくて、離乳時の母豚のBCS、それから廃用候補の母豚ね
ぴらりん
あれ？　離乳担当の人に渡す「来週の離乳頭数」の資料もつくってあるんですか？

水 木 金 土 日 月 火
10
離乳する子豚の頭数はね、実は前の週のうちに大まかに出ているの
なぜ分かるんですか？

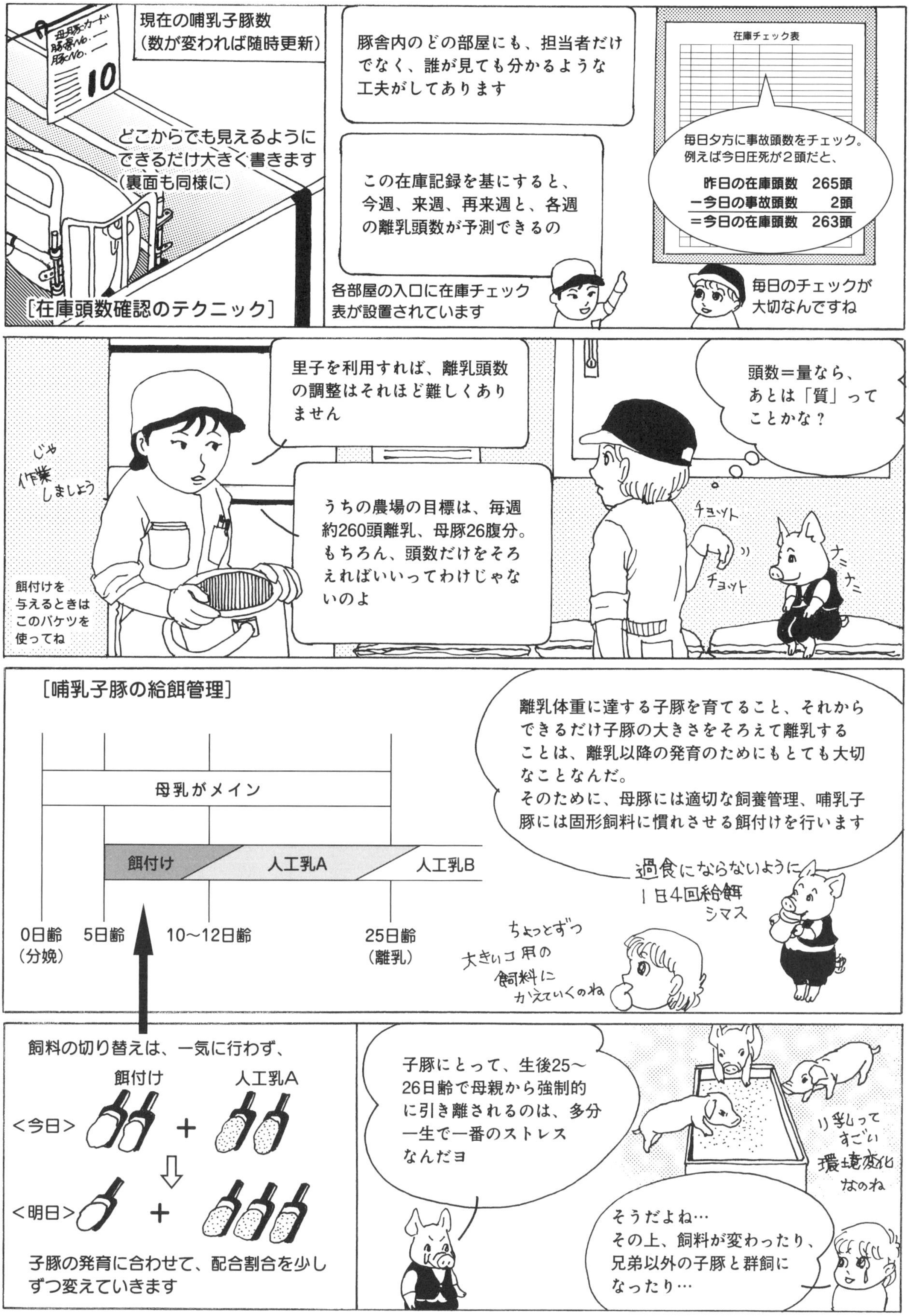
10
現在の哺乳子豚数（数が変われば随時更新）
どこからでも見えるようにできるだけ大きく書きます（裏面も同様に）
［在庫頭数確認のテクニック］
豚舎内のどの部屋にも、担当者だけでなく、誰が見ても分かるような工夫がしてあります
この在庫記録を基にすると、今週、来週、再来週と、各週の離乳頭数が予測できるの
各部屋の入口に在庫チェック表が設置されています
在庫チェック表
毎日夕方に事故頭数をチェック。例えば今日圧死が２頭だと、
昨日の在庫頭数　265頭
－今日の事故頭数　2頭
＝今日の在庫頭数　263頭
毎日のチェックが大切なんですね
じゃ作業しましょう
餌付けを与えるときはこのバケツを使ってね
里子を利用すれば、離乳頭数の調整はそれほど難しくありません
うちの農場の目標は、毎週約260頭離乳、母豚26腹分。もちろん、頭数だけをそろえればいいってわけじゃないのよ
頭数＝量なら、あとは「質」ってことかな？
チョット チョット
ナニ ナニ
［哺乳子豚の給餌管理］
母乳がメイン
餌付け
人工乳A
人工乳B
0日齢（分娩）
5日齢
10～12日齢
25日齢（離乳）
離乳体重に達する子豚を育てること、それからできるだけ子豚の大きさをそろえて離乳することは、離乳以降の発育のためにもとても大切なことなんだ。そのために、母豚には適切な飼養管理、哺乳子豚には固形飼料に慣れさせる餌付けを行います
過食にならないように１日４回給餌シマス
ちょっとずつ大きいコ用の飼料にかえていくのね
飼料の切り替えは、一気に行わず、
餌付け
人工乳A
<今日>
<明日>
子豚の発育に合わせて、配合割合を少しずつ変えていきます
子豚にとって、生後25～26日齢で母親から強制的に引き離されるのは、多分一生で一番のストレスなんだヨ
リ乳ってすごい環境変化なのね
そうだよね…その上、飼料が変わったり、兄弟以外の子豚と群飼になったり…

＊離乳の準備＊

ねぇ、哺乳子豚の餌付け管理があれだけ細かいんだから、ほかの離乳準備だって前もってするんでしょう？
お？ なかなかヨイ質問デスネ
分娩豚舎では、主な離乳準備を水曜日と木曜日に分けて、少しずつしているヨ
リ乳は計画的にネ
水洗・消毒済みの器具搬入
水
子豚の健康状態の確認
里子は早めに動かしましょう
大きめの丸を書きます
離乳母豚にはマークを付けます。
このときに使うのは、スタンプの詰め替え用インキです。
色は、赤、緑、青の３種類。
離乳翌週の交配時に発情チェックをするときと同じ色のインクを使ってマーキングしておきます
（※詳細は第10話で！）
ラッカースプレーよりも消えにくいからベンリダヨ
水
離乳母豚のマーキング
木
母豚のイヤータグを確認
イヤータグが取れていたら、
新しいタグを再度装着します
タグ右よし左よし

＊離乳当日の作業＊

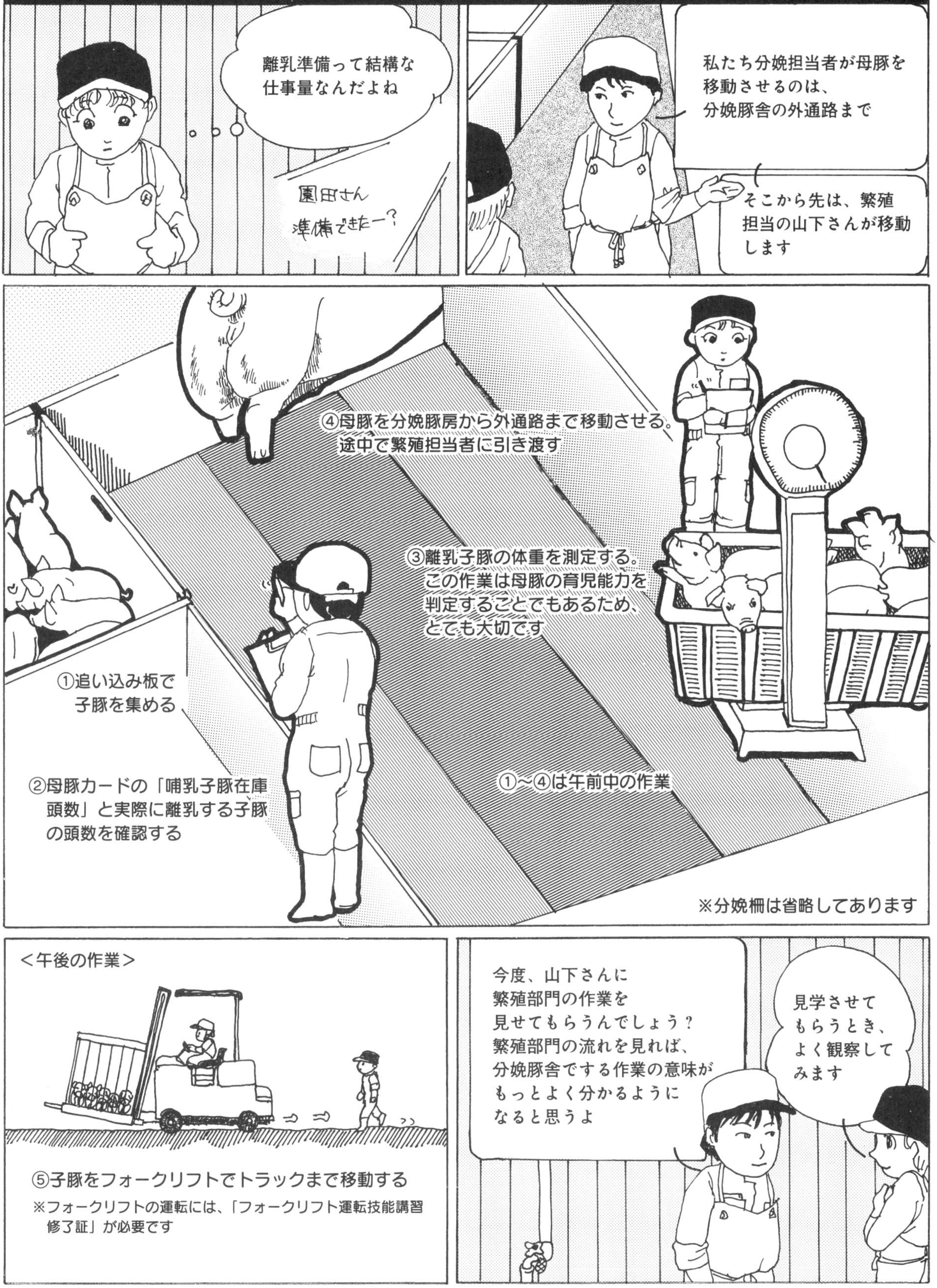

離乳準備って結構な仕事量なんだよね
園田さん 準備できたー？
私たち分娩担当者が母豚を移動させるのは、分娩豚舎の外通路まで
そこから先は、繁殖担当の山下さんが移動します
④母豚を分娩豚房から外通路まで移動させる。途中で繁殖担当者に引き渡す
③離乳子豚の体重を測定する。この作業は母豚の育児能力を判定することでもあるため、とても大切です
①追い込み板で子豚を集める
②母豚カードの「哺乳子豚在庫頭数」と実際に離乳する子豚の頭数を確認する
①～④は午前中の作業
※分娩柵は省略してあります
<午後の作業>
⑤子豚をフォークリフトでトラックまで移動する
※フォークリフトの運転には、「フォークリフト運転技能講習修了証」が必要です
今度、山下さんに繁殖部門の作業を見せてもらうんでしょう？繁殖部門の流れを見れば、分娩豚舎でする作業の意味がもっとよく分かるようになると思うよ
見学させてもらうとき、よく観察してみます

＊離乳後の片付けと記録＊

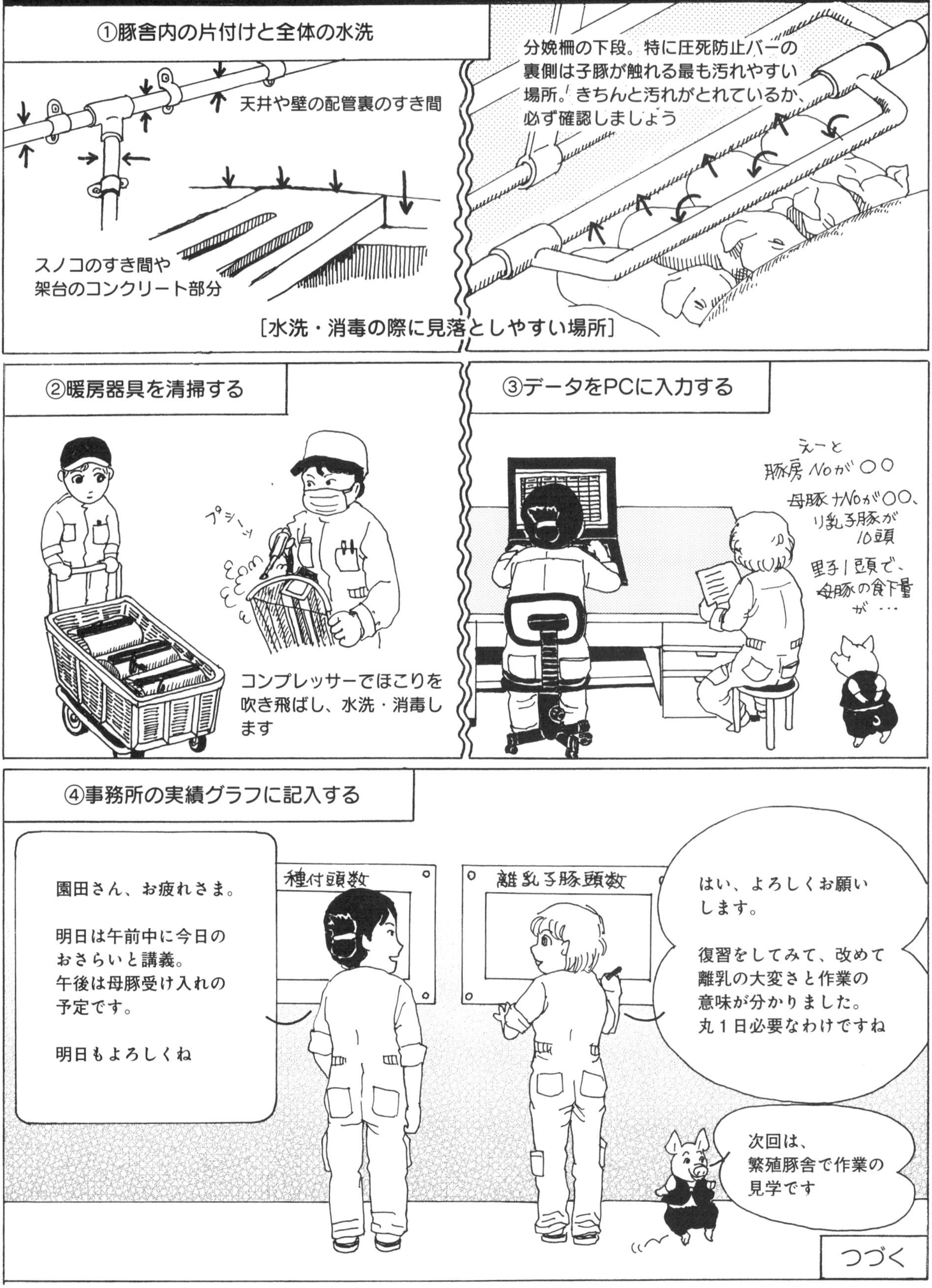

①豚舎内の片付けと全体の水洗
天井や壁の配管裏のすき間
スノコのすき間や
架台のコンクリート部分
分娩柵の下段。特に圧死防止バーの裏側は子豚が触れる最も汚れやすい場所。きちんと汚れがとれているか、必ず確認しましょう
［水洗・消毒の際に見落としやすい場所］
②暖房器具を清掃する
プシーッ
コンプレッサーでほこりを吹き飛ばし、水洗・消毒します
③データをPCに入力する
えーと
豚房Noが○○
母豚Noが○○、
リ乳子豚が
10頭
里子1頭で、
母豚の食下量
が・・・
④事務所の実績グラフに記入する
種付頭数
離乳子豚頭数
園田さん、お疲れさま。
明日は午前中に今日のおさらいと講義。
午後は母豚受け入れの予定です。
明日もよろしくね
はい、よろしくお願いします。
復習をしてみて、改めて離乳の大変さと作業の意味が分かりました。
丸１日必要なわけですね
次回は、
繁殖豚舎で作業の
見学です
つづく

第10話　繁殖豚舎の管理－離乳母豚の受け入れ～交配－

今日の午後は繁殖豚舎の見学です。
園田さんは直接の担当ではないけれど、作業の内容や流れを理解してもらうのは大切なことだからね
分娩豚舎での仕事を復習してみてどうかな？
えーと、分娩豚舎の作業自体はだいぶ分かってきたのですが、ほかのステージとのつながりがまだよく分からなくて…
なるほど、今言ったことを忘れずに。
今から分娩豚舎での作業の流れを交えて、繁殖豚舎の話をします
作業効率を良くするためにも、お互いの部署の作業内容をしっかり理解しておこうネ

［１週間の作業］

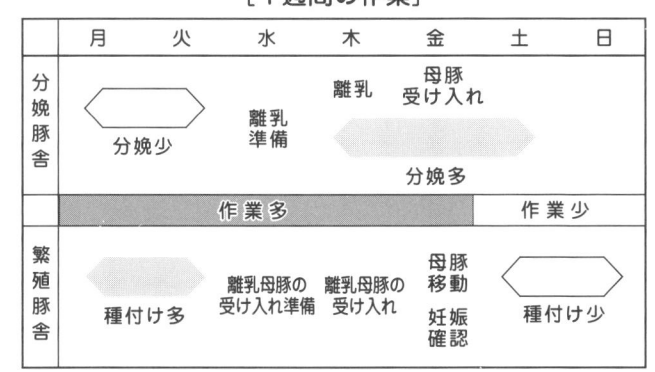

	月	火	水	木	金	土	日
分娩豚舎	分娩少		離乳準備	離乳	母豚受け入れ		
				分娩多			
	作業多				作業少		
繁殖豚舎	種付け多		離乳母豚の受け入れ準備	離乳母豚の受け入れ	母豚移動 妊娠確認	種付け少	

離乳母豚は、分娩豚舎できちんと管理されていれば、通常離乳から４～５日後に発情が来ます。
離乳が木曜日なので、その４～５日後は月・火曜日になります
こうやって見ると、分娩担当も繁殖担当も、土・日曜日には作業がほとんどないんですね
あ

よく気がついたね。この農場では月曜日から金曜日までの業務に重点を置いています
このように、週１回の離乳と母豚の繁殖サイクルを応用した管理スケジュールを組む方法のことを「プログラムド・プロダクション」と呼びます
オツカレサマデスー
ヨロシクー
じゃあ、午後は繁殖担当の山下さんに豚舎を案内してもらってください
ヨロシクオネガイシマス
個性的なヒトダナァ
あらためてよろしくお願いシマスー
中は母豚がうるさいから、質問があれば今のうちに聞いてね
えっと、場長から「母豚は、離乳の４～５日後に発情が来て種付けする」って聞いたんですけど、種付けって何か目安があるんですか？
ずいぶん大まかなシツモンダネ…
トテモヒトコトデハコタエラレマセン……
百聞は一見に如かずダヨ！
……それは実際に母豚を見ながらのほうが、分かりやすいと思うよ
まず見回りから。給餌前にストールを１周して、調子の悪そうな母豚や、飼料を残している母豚、それと豚舎内の環境をチェックします
ついてきてー
ガラ ガラ
ここでも「感覚」が大切なのかな…
多分理屈じゃないのネ
見回りが終わったら、自動給餌器の飼料を落とし、
もう一度母豚のエサ食いの様子を見ながら、通路掃除をしていきます
グィー
ギョヨヨ
ざざー
ヒヤア うるさい！
掃除をしたら、次は発情確認ね。午前中に雄当てをして発情確認をしています。まだ許容が不十分だと思った母豚は、午後にもう一度確認します。今日は見学しててね
ワタシモ一応エプロンシマス
反復確認は発情を見逃さないための必須条件デス

↑エサがおちる音です.

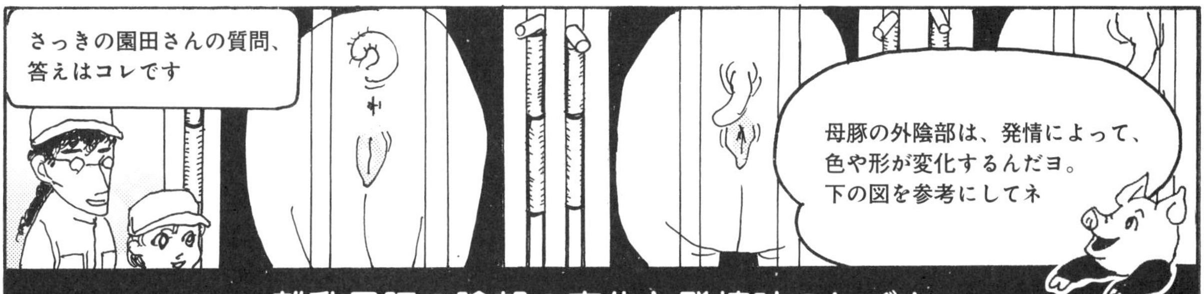
さっきの園田さんの質問、
答えはコレです
母豚の外陰部は、発情によって、
色や形が変化するんだヨ。
下の図を参考にしてネ

＊離乳母豚の陰部の変化と発情時のしぐさ＊

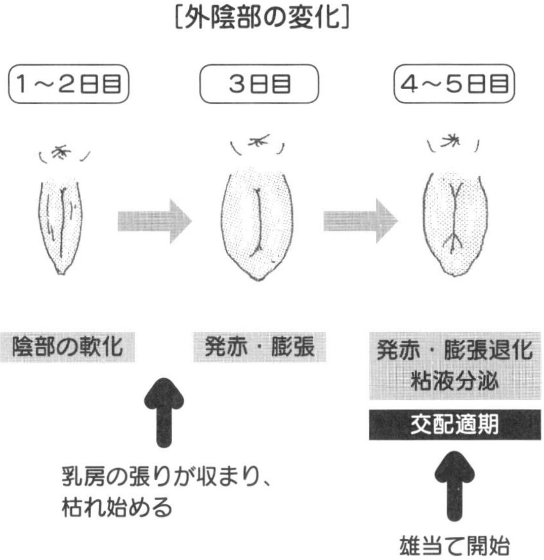
［外陰部の変化］
1～2日目
3日目
4～5日目
陰部の軟化
発赤・膨張
発赤・膨張退化
粘液分泌
交配適期
乳房の張りが収まり、
枯れ始める
雄当て開始

発情徴候は、外陰部だけでなく、母豚の体温や乳房の張り具合、母豚の落ち着きの様子など、さまざまな観察ポイントがあります。
普段からよく観察し、違いを見つけてみましょう。

未経産豚は経産豚よりも発情期間（許容している時間）が短いので、交配間隔を短くし、朝、夕、翌朝と12時間間隔で３回交配します。
経産豚は、朝、翌朝（24時間後）の２回交配です。

きちんと発情徴候を観察し、交配適期の見極めができていれば、経産豚では３回交配しなくても、高い受胎率を得ることができます。

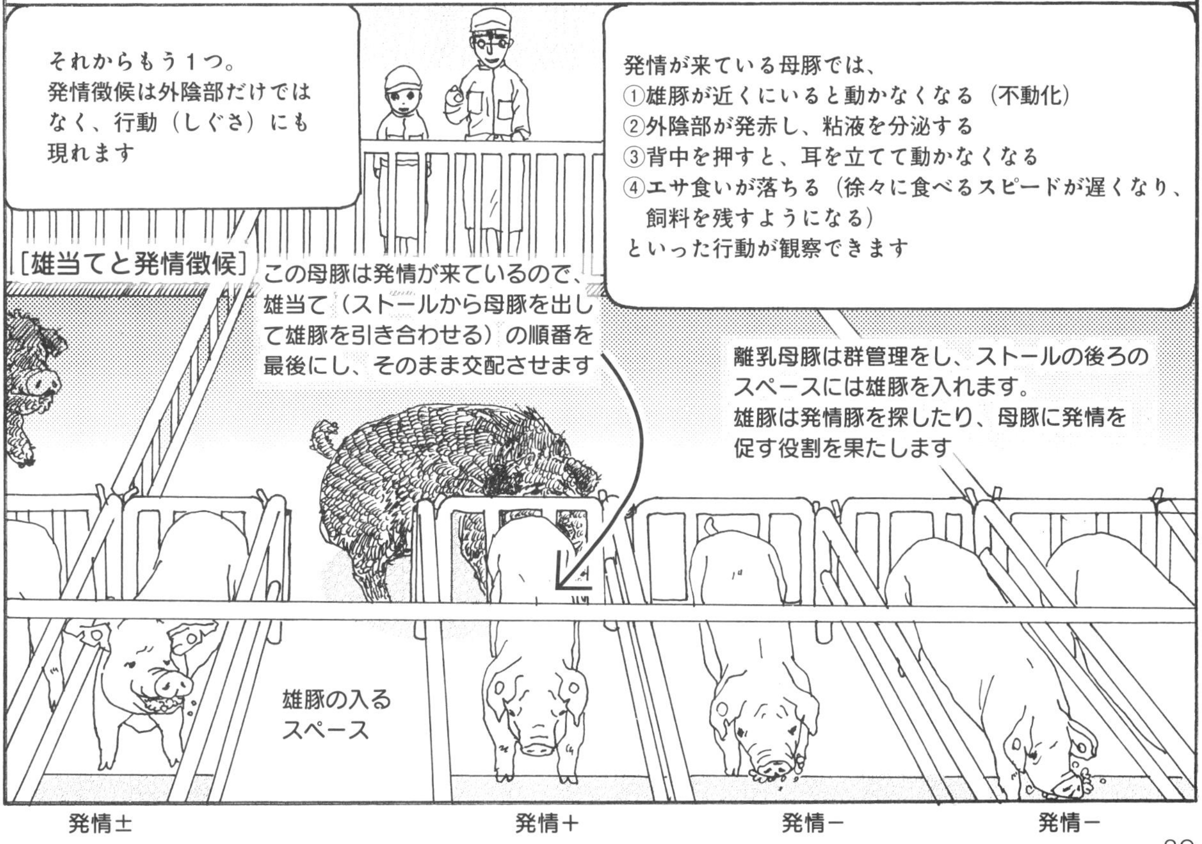
それからもう１つ。
発情徴候は外陰部だけではなく、行動（しぐさ）にも現れます
発情が来ている母豚では、
①雄豚が近くにいると動かなくなる（不動化）
②外陰部が発赤し、粘液を分泌する
③背中を押すと、耳を立てて動かなくなる
④エサ食いが落ちる（徐々に食べるスピードが遅くなり、飼料を残すようになる）
といった行動が観察できます
［雄当てと発情徴候］
この母豚は発情が来ているので、雄当て（ストールから母豚を出して雄豚を引き合わせる）の順番を最後にし、そのまま交配させます
離乳母豚は群管理をし、ストールの後ろのスペースには雄豚を入れます。
雄豚は発情豚を探したり、母豚に発情を促す役割を果たします
雄豚の入るスペース
発情±
発情＋
発情－
発情－

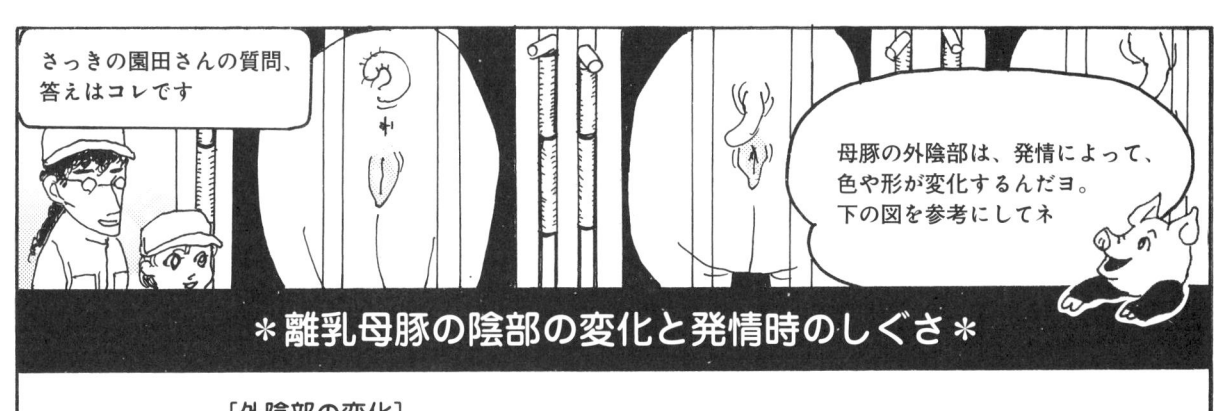

＊本交（NS＝Natural Service）＊

すごい
迫力！
うちの農場では、１回目は本交（NS）、
２回目は人工授精（AI）で交配しています
AIはNSが終わってから、
まとめてやります。
交配が終わったら、事務所
に戻ってデータ入力します
NSって１回１回
介助するんですね
交配中の雄豚は、神経質になっているので
とってもキケン！　横からではなく、雄豚の
後ろ側から介助しよう
気の荒い子もいるから
絶対に油断しちゃダメ!!

［NSの手順とポイント］

①交配の際は系統（ライン）と体格に注意する
②雄当ては、許容の見込みが少ない母豚からする
③雄豚のために、滑り止めのマットを敷く
④交配前、母豚の陰部をスポンジなどで水洗する
⑤雄豚を乗駕させる
　雄豚の後ろに立ち、手袋をした手で包皮をつかみ、尿だまりの尿を出す。その後、母豚の陰部上方に向かって雄豚のペニスを当てる
⑥終わったら、交配がうまく行われたかどうかを記録する

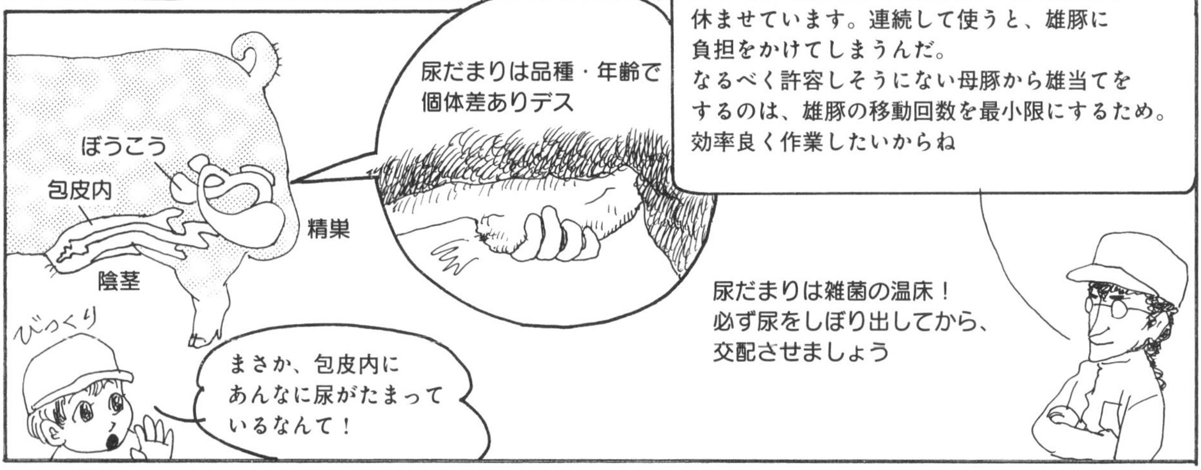
NSに使う雄豚は、１度交配させたら数日間
休ませています。連続して使うと、雄豚に
負担をかけてしまうんだ。
なるべく許容しそうにない母豚から雄当てを
するのは、雄豚の移動回数を最小限にするため。
効率良く作業したいからね
尿だまりは品種・年齢で
個体差ありデス
ぼうこう
包皮内
精巣
陰茎
びっくり
まさか、包皮内に
あんなに尿がたまって
いるなんて！
尿だまりは雑菌の温床！
必ず尿をしぼり出してから、
交配させましょう

↓２回交配した母豚　　↓１回しか交配していない母豚

山下さん、この母豚の首にある丸い印、分娩豚舎で離乳のときにつけたものですよね。この腰についている「＋」や「－」はどんな意味があるんですか？
これは交配状況の印です。マークの色と位置で、その母豚の交配回数や再発などが分かるようになっています
「一」と「｜」のマークがあわさって、「十」になっているのです。

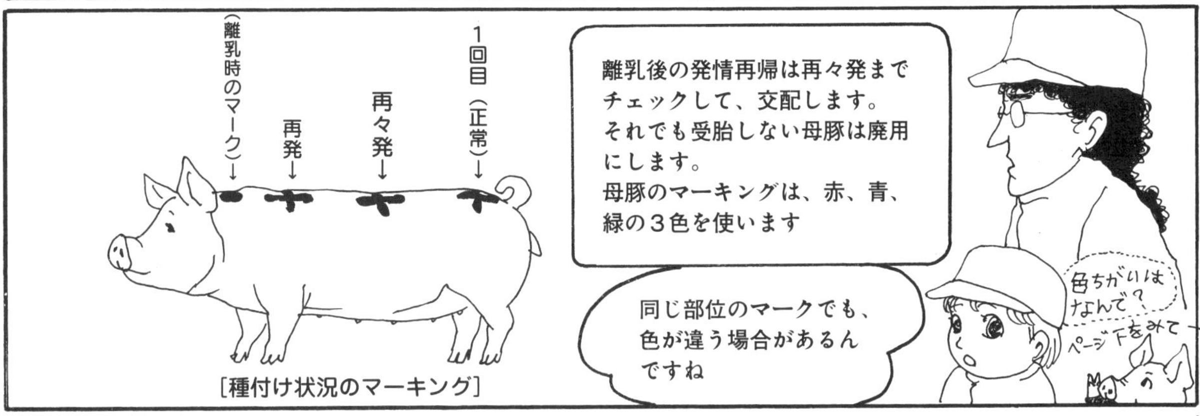
（離乳時のマーク）↓
再発↓
再々発↓
1回目（正常）↓
離乳後の発情再帰は再々発までチェックして、交配します。それでも受胎しない母豚は廃用にします。母豚のマーキングは、赤、青、緑の３色を使います
同じ部位のマークでも、色が違う場合があるんですね
色ちがいはなんで？
ページ下をみて

［種付け状況のマーキング］

交配状況は、その場でメモをとっておいて、作業終了後PCで入力し、管理しています
コレデス
あ、今週のマークは赤なのね
メモの内容はコチラ

母豚No.	交配日	交配状況
○○○	①5／15　②5／16	①G　②G
△△△	①5／15　②5／16	①G　②G

G=Good
B=Bad

	♀	♂
NS	・許容がバッチリ（G） ・交配中フラつく（B）	・ペニスの挿入を繰り返す（B） ・母豚とケンカをした（B）
AI	・カテーテルの挿入の感触が良い（G）	・精液の注入がスムーズで逆流しない（G） ・逆流が多い（B）

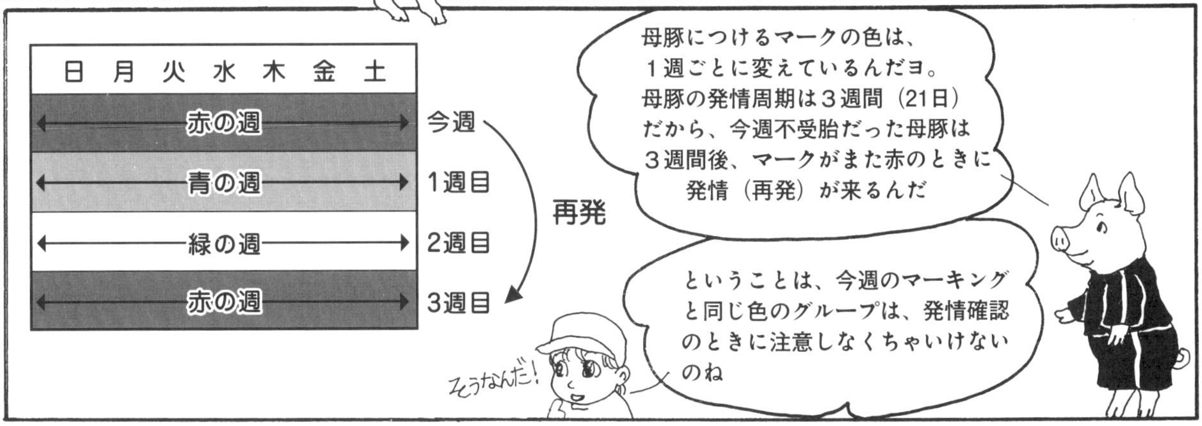
日　月　火　水　木　金　土
赤の週　今週
青の週　1週目
緑の週　2週目
赤の週　3週目
再発
母豚につけるマークの色は、１週ごとに変えているんだヨ。母豚の発情周期は３週間（21日）だから、今週不受胎だった母豚は３週間後、マークがまた赤のときに発情（再発）が来るんだ
ということは、今週のマーキングと同じ色のグループは、発情確認のときに注意しなくちゃいけないのね
そうなんだ！

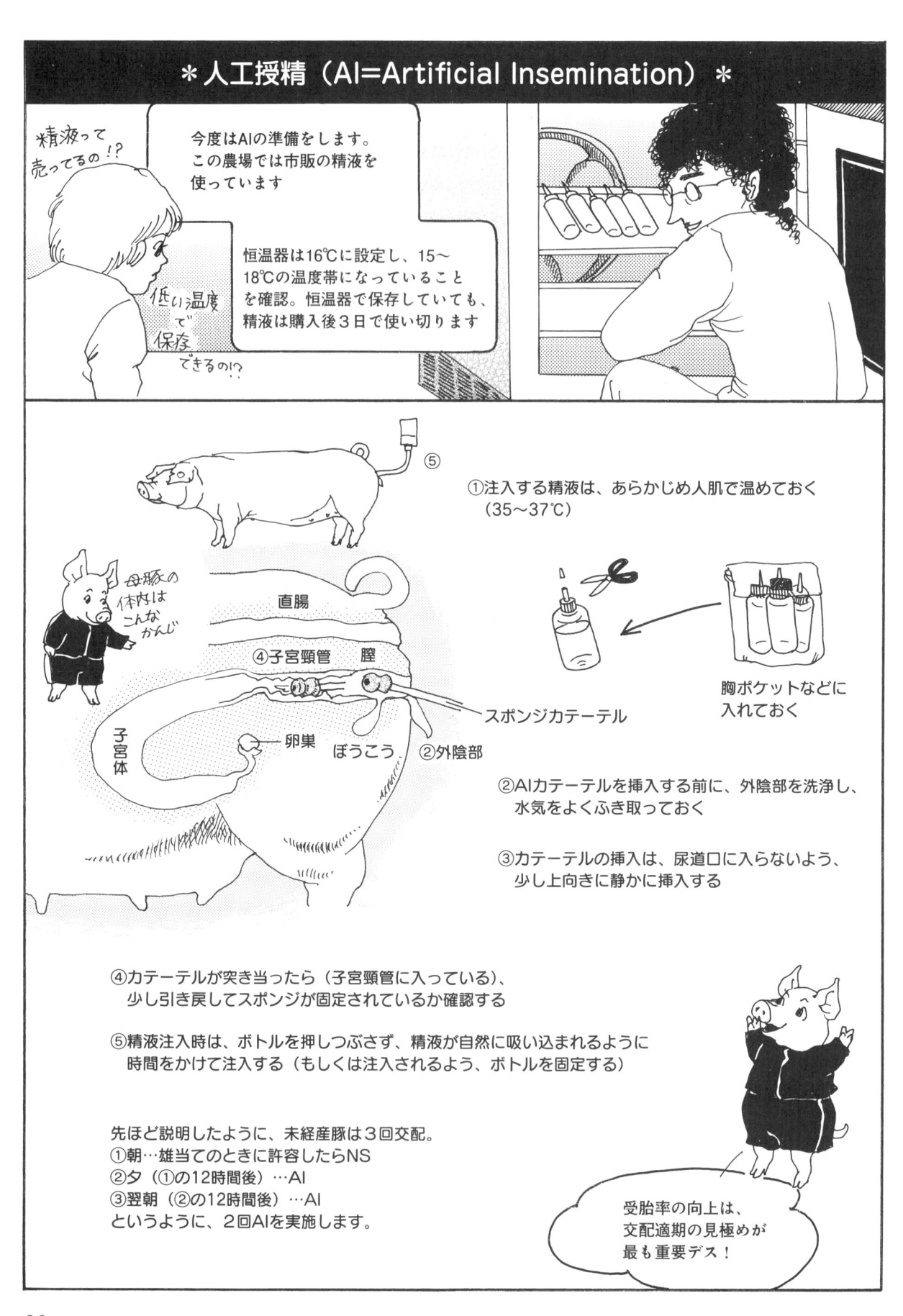

＊人工授精（AI=Artificial Insemination）＊

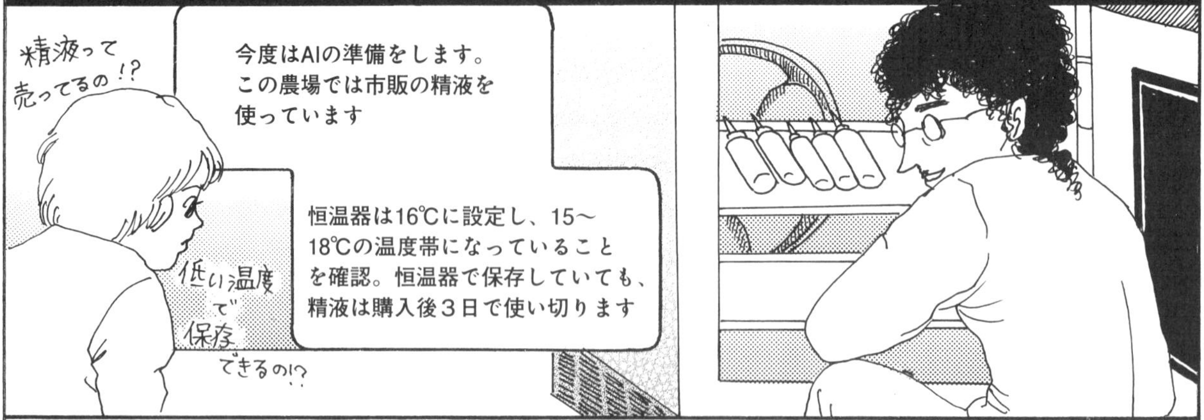
今度はAIの準備をします。この農場では市販の精液を使っています
精液って売ってるの!?
恒温器は16℃に設定し、15〜18℃の温度帯になっていることを確認。恒温器で保存していても、精液は購入後３日で使い切ります
低い温度で保存できるの!?

⑤

①注入する精液は、あらかじめ人肌で温めておく
（35〜37℃）

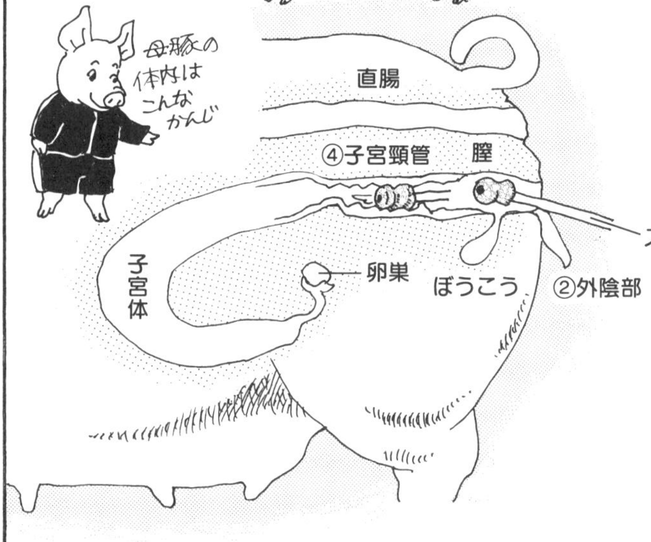
母豚の体内はこんなかんじ
直腸
④子宮頸管
膣
スポンジカテーテル
子宮体
卵巣
ぼうこう
②外陰部

胸ポケットなどに
入れておく

②AIカテーテルを挿入する前に、外陰部を洗浄し、
水気をよくふき取っておく

③カテーテルの挿入は、尿道口に入らないよう、
少し上向きに静かに挿入する

④カテーテルが突き当ったら（子宮頸管に入っている）、
少し引き戻してスポンジが固定されているか確認する

⑤精液注入時は、ボトルを押しつぶさず、精液が自然に吸い込まれるように
時間をかけて注入する（もしくは注入されるよう、ボトルを固定する）

先ほど説明したように、未経産豚は３回交配。
①朝…雄当てのときに許容したらNS
②夕（①の12時間後）…AI
③翌朝（②の12時間後）…AI
というように、２回AIを実施します。

受胎率の向上は、交配適期の見極めが最も重要デス！

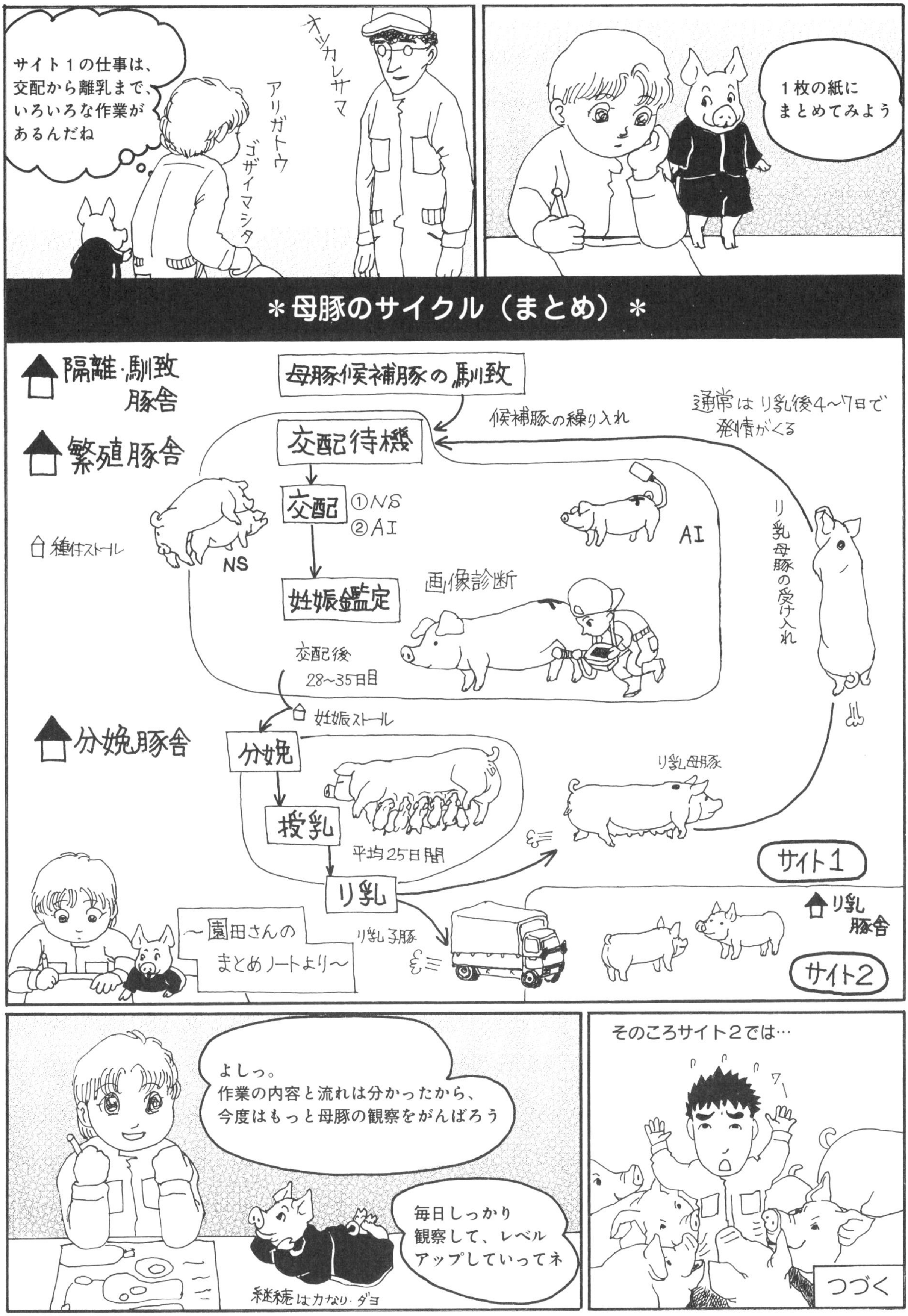

サイト１の仕事は、交配から離乳まで、いろいろな作業があるんだね
オツカレサマ
アリガトウゴザイマシタ
１枚の紙にまとめてみよう
＊母豚のサイクル（まとめ）＊
隔離・馴致豚舎
繁殖豚舎
分娩豚舎
母豚候補豚の馴致
候補豚の繰り入れ
通常はリ乳後4〜7日で発情がくる
交配待機
交配 ①NS ②AI
種付ストール
NS
AI
リ乳母豚の受け入れ
妊娠鑑定
画像診断
交配後 28〜35日目
妊娠ストール
分娩
授乳
平均25日間
リ乳
リ乳母豚
サイト1
リ乳子豚
リ乳豚舎
サイト2
〜園田さんのまとめノートより〜
よしっ。作業の内容と流れは分かったから、今度はもっと母豚の観察をがんばろう
毎日しっかり観察して、レベルアップしていってネ
継続は力なり・ダヨ
そのころサイト２では…
ワー
つづく

第11話　離乳豚舎での受け入れ準備

川畑くんにはみえずきこえず
受入
オーイ
オーイ
受入
園田さんと同じくして入社した川畑くん
専務
ばい
なか
ただ今、肥育部門のサイト2で午前の講義中
すごい「なまり」だな
午後
川畑くん、午前中の講義どうだった？
離乳・肥育担当：星野さん
はい、管理のポイントについて復習しました。
専務には、午後は現場で星野さんと一緒に作業の復習をするように言われています
ヨロシクネ
5Sとは
整理・整頓・清掃・清潔・しつけです
よう覚えとったね、素晴らしか
あと、毎週月曜日のミーティングの意義と、
倉庫や事務所の掃除などについて、改めて確認しました

じゃあ、現場管理の意味について復習していこうか
ハイ、お願いします！
1 2 3 4 5 6 7 8
8部屋といっても、1部屋は空舎です（消毒＆乾燥中）
サイト2農場には
離乳～出荷まで約5,700頭の豚がいます。
離乳豚舎には、離乳～35kgまでの子豚が
約2,000頭（280頭×7棟）いて、これを
1人で管理しているのです。
ええ！
たったひとりなの
担当者である僕たちは、日々の作業として豚くんたちを1頭1頭観察しているよね
そのほか、ワクチネーションや豚の移動、と畜場への出荷予定豚の体重測定、それから
豚舎オールアウト後の洗浄・消毒に、その後の豚の受け入れ準備、器具・機械の整備…
←農場マニュアルの縮刷版（お手製）
川畑くん、コレ使ったことある？
イイエ
←コレ
説明した通り、サイト2は担当者が少人数で管理しているんだ。だから、豚舎間の移動も多い。そうなると、担当者には効率の良い作業段取りと、道具の常時携帯が必要になってくるんです
ヒー
あ！
忘れモノ
ガーン
ちなみに、このウエストポーチにはこんな道具が入っています
手帳
2～3色出るボールペン
油性ペン
チョークが短くなっても使える筒
ドライバー＋ペンチ＋ナイフが一式になっている
トランシーバー
レザーマンツール
オオ！

＊受け入れ前の段取り＊

川畑くん、今日は水曜日だから、これから離乳子豚の受け入れ準備をします
離乳日は明日木曜日ですよね。明日じゃなくて、今日準備したほうがいいんですか？
キラリン
当日では遅か！
毎回受け入れする
離乳子豚の頭数と性別は、その週の火曜日夕方には分娩担当者から連絡がきちょっばい！
ちなみに明日の受け入れは、去勢雄が135頭、雌が125頭で合計260頭ちょうど。
１腹当たり平均10頭離乳たい。
来週の受け入れ予定は265頭だね
どうだい
来週の頭数も分かってるんだ。早めに連絡が来るからには意味があるんですよね？
さすが
すばやい返事ダネ
ウンウン
その通り！　理由の１つ目は収容頭数が決まっていること。
２つ目は雄雌別飼いにしているからです
この農場の離乳豚舎は、１豚房当たり20頭収容できます。
１棟14豚房で
14×20頭、つまり
最大280頭の豚が
収容可能です
１豚房の広さは7.6㎡。子豚が肥育豚舎に移動する体重35kg時点では、１頭当たり必要最小床面積が0.38㎡になる計算です。
ただし、全面スノコ、強制換気であることが必須条件です。
そうか。
豚房を有効に活用するには、あらかじめ受け入れ頭数を知っておく必要があるんですね
メモメモ
設備のことは後で確認しておこう
川畑君は知識重視タイプ。

※この離乳豚舎には保温箱が設置されています

明日の予定ばい。
去勢雄の20頭は
体重の小さい子豚
で編成します
頭数 × 豚房
♂19ト × 5 = 95ト
♂20ト × 2 = (小)40ト
♀18ト × 6 = 108ト
♀17ト × 1 = 17ト
星野ノート
ずっと不思議
だったんですが、
去勢雄と雌を別々
に収容するのにも、
何か理由があるん
ですよね？
ナルホド
去勢雄
雌
去勢雄と雌では、肥育後期にな
ると飼料と栄養の要求量が違っ
てくるので、あらかじめ群を
分けているのです
では、受け入れ豚舎の
確認をしよう
おっと、その前に踏み込み
消毒槽について復習だ
消毒液は紫外線に当たったり、
ふんなどで汚れると、
極端に消毒効果が落ちるから、
毎朝交換します。
消毒液をつくるときは、
決められた希釈倍率になるように、
きちんと測ること
いいかげんに沢山混ぜるのは
マズかばい
＊観察のポイント＊
離乳豚舎の管理自体は、
通路掃除や
飼料の切り替え程度
ただし、その分観察力は人
一倍要求されるんだ。
さて川畑くん、管理ポイント
である「三大基本要素」と
「五感」とは何でしょう？
チッ
チッ
ハイハイ
マニュアルは見ないでね
えーと…
観る、聴く、
あとは…
あれれ？？

ま、そんなもんだよ。実は僕も講義を受けているうちは、全然覚えられなかった
とくにセンムはなまりが強いからなれるまでタイヘンだったよ
やっぱりそうか
ハァ
復習　「三大基本要素」とは？
①きれいで新鮮な飼料
②きれいで新鮮な水
③暖かくて乾燥した
すき間風のない生活場所
じゃあ、マニュアルを見ていいから、「五感」を答えてみようか
「五感」とは？
①観る
②音を聴く
③においをかぐ
④触る
⑤味覚を使う
です
そう、「三大基本要素」と「五感」は豚舎管理の基本。作業をするときは、絶対に忘れないでね
この豚舎は、明日子豚の受け入れをします。水洗・消毒も終えて、後は薫蒸のみ。その前にチェックシートを見ながら、受け入れ準備の最終確認をしていきます

＊離乳子豚の受け入れ準備＊

［豚舎の構造と確認ポイント］

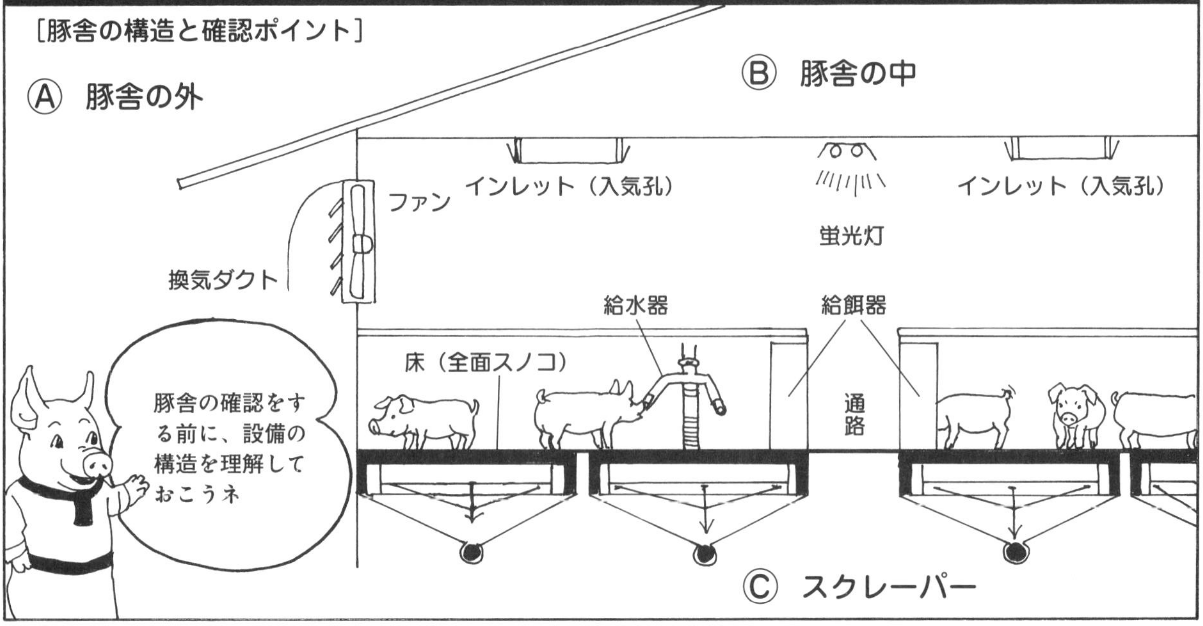
Ⓐ 豚舎の外
Ⓑ 豚舎の中
ファン
インレット（入気孔）
インレット（入気孔）
蛍光灯
換気ダクト
給水器
給餌器
床（全面スノコ）
通路
豚舎の確認をする前に、設備の構造を理解しておこうネ
Ⓒ スクレーパー

Ⓐ 豚舎の外 チェックポイント

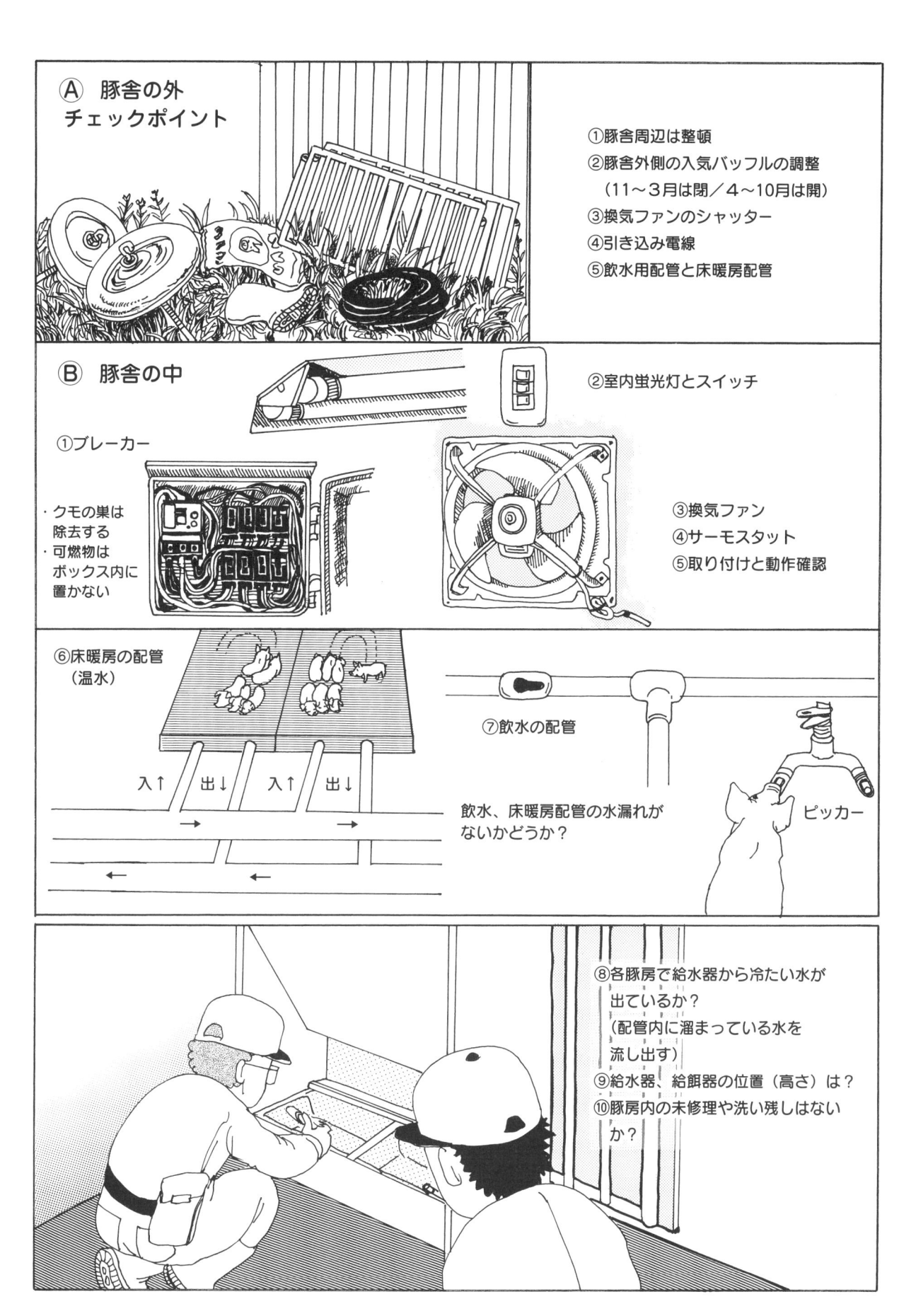

①豚舎周辺は整頓
②豚舎外側の入気バッフルの調整
（11～3月は閉／4～10月は開）
③換気ファンのシャッター
④引き込み電線
⑤飲水用配管と床暖房配管

Ⓑ 豚舎の中

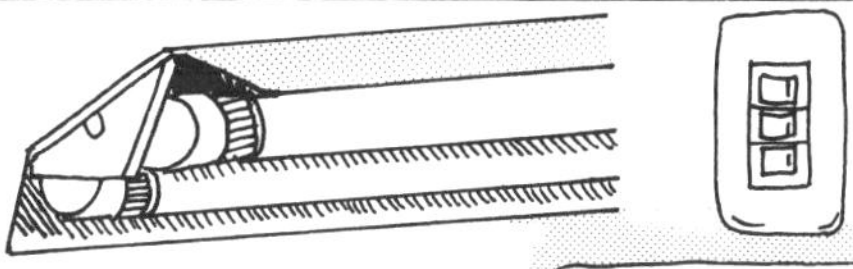

②室内蛍光灯とスイッチ

①ブレーカー

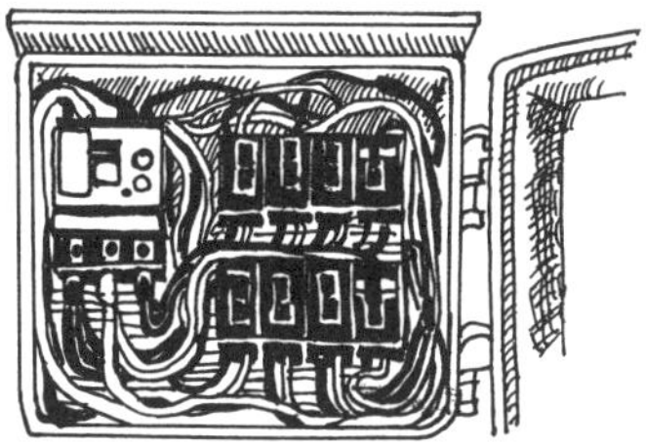

・クモの巣は除去する
・可燃物はボックス内に置かない

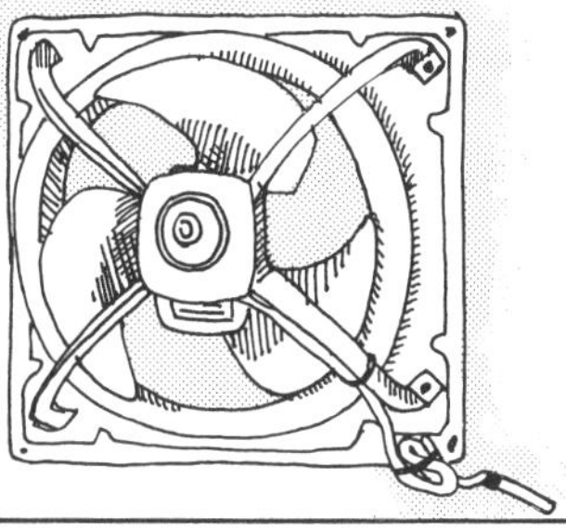

③換気ファン
④サーモスタット
⑤取り付けと動作確認

⑥床暖房の配管（温水）

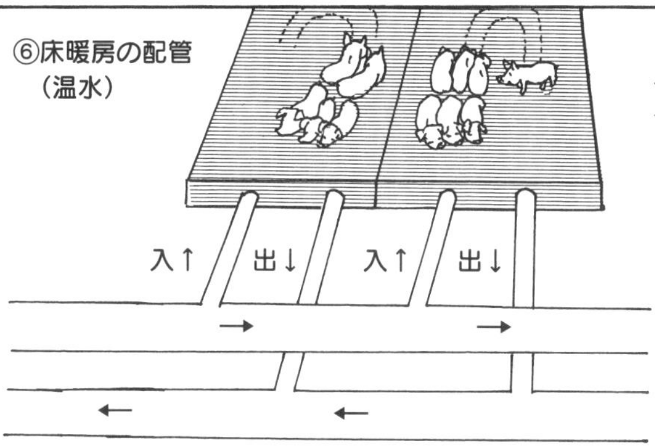

⑦飲水の配管

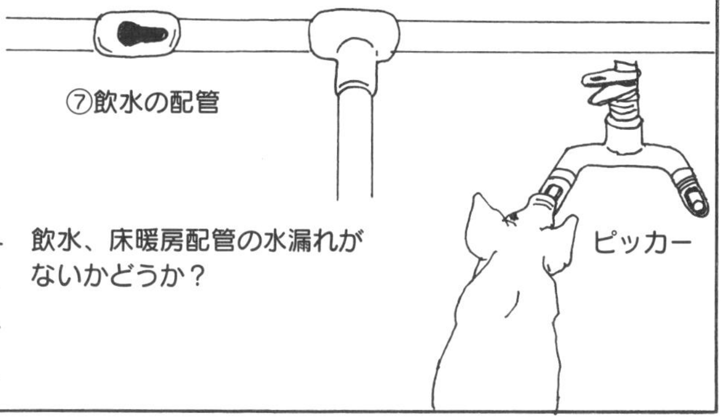

ピッカー

飲水、床暖房配管の水漏れがないかどうか？

⑧各豚房で給水器から冷たい水が出ているか？
（配管内に溜まっている水を流し出す）
⑨給水器、給餌器の位置（高さ）は？
⑩豚房内の未修理や洗い残しはないか？

⑪薫蒸が外に漏れないようにします
ファンを紙袋で覆って、ガス漏れしないようにします。
⑫夕方の見回り時に、薫蒸消毒を始めます
ホルマリンガスが発生します
消毒に使った容器は翌朝片付けます
ホルマリン＋水
＋過マンガン酸カリウム
ふう。やっとこれで受け入れ準備終わりだな
アララ
川畑くん、まだ終わってなかたい！確認作業はピット内もやるばい
ドンマイ
Ⓒ スクレーパー
チェックポイント
床下のふんはこうやってまとめているんだな
すごい！
①メインスイッチを入れる
②手動切り替えにして、動作確認する
③スクレーパーの異音がないか？
動かした後は…
④レーキの止まる位置の確認
⑤タイマーの設定時間の確認
⑥異物が落ちていないか確認
⑦駆動部分の動きをスムーズにするため、ワイヤーに廃油をさし、グリスニップルはグリスアップしておく
星野さん！これだけの作業を１人で全部見落としなく確認、なんてできるようになるんでしょうか？
大丈夫。きちんと作業段取りを立てて、チェックシートに従って１つずつ確認していけばできるよ
原理原則さえ押さえておけば、段取りも組みやすいよ！
作業は段取り8分仕事2分！
つづく

Question

何を観察すればいいの？②

Answer

観察は豚を見るだけではありません。環境、機械類をチェックし、誰が見ても分かるように記録を取ることが重要です。「記憶」より「記録」が物を言います。

●環境、機械もチェック

「観察＝豚を見ること」と思いがちですが、農場で求められる観察とは、豚の行動を観るだけではありません。豚を中心に観ることは当然のことですが、三大基本要素、舎内の温度、湿度、風の流れなど環境要因のチェックも怠ってはいけません。

また、現在の豚舎はほぼすべてが電気と機械で動いているようなものですから、機械類の確認も忘れずに行いましょう。豚を健康に育てるためには、豚舎環境から良くしなければいけないのです。

ファンモーターやポンプ、スクレーパー、給餌ラインから変な音がしていませんか？　機械類が異常な熱を持っていませんか？　蛍光灯はいつも通りすぐに点灯しますか？　五感を使って、このような異常にすぐに気付けるようになりましょう。注意していなければ気付かないことばかりですが、このちょっとした変化に気付くかどうかで、大きな事故や故障を未然に防げるかどうかが決まります。

●特に気をつけたい電気トラブル

養豚場で非常に多いのが電気系統のトラブルです。火災や人身事故の元になりますから、普段から点検する習慣をつけておくことが大事です。

一般的に、農場では電気保安協会と契約しているため、基本的に毎月外部点検が行われますが、電気の異常は目に見えないもの。いつトラブルになるか分かりません。だから担当者の毎日の点検が大切になるのです。

リスク管理とリスク評価の第一歩は、まず電気からです。日常の漏電などの異常だけでなく、停電後の復旧のことも考えておくようにしましょう。また、これらの観察の結果は毎日日報に正確に記帳します。この記録が、いざというときに異常を発見したり、早急に対処するためのカギとなるのです。

温度計やセンサーはどこに設置されている？

写真１：
温度計、温度センサーの設置位置

あなたの農場では、温度計や換気扇などの温度センサーはどこに設置されているでしょうか？　「確認しやすいから」と自分の目線の高さに設置しているところも多いですが、人の顔の高さと実際に豚がいるところでは、全く温度が異なります。

温度管理は「自分がどう感じるか」ではなく、「豚にとって最適な温度か」が基準なのです。実際に豚がいる高さに、温度計、温度センサーを設置するようにしましょう。

ピッカーの目詰まり、見落としていない？

写真２：ピッカーの目詰まり

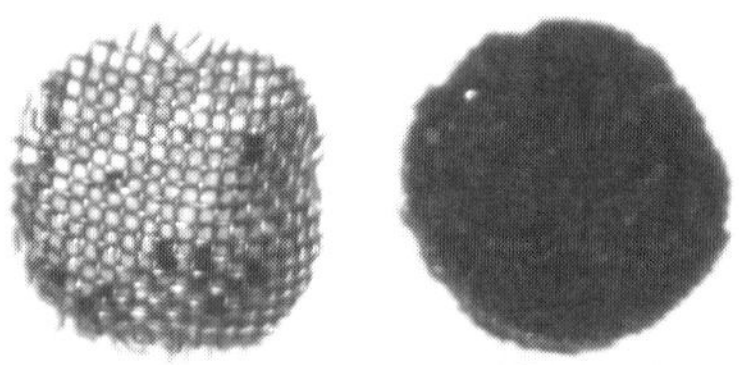

写真３：汚れたフィルター（右）と洗浄後（左）

「ピッカーからはいつも十分に水が出ているもの」と思っていませんか？　豚の導入時にピッカーを押して確認してみましょう。案外ピッカーのフィルターが目詰まりしていることに気付かされます。**写真２**はピッカーを取り外した状態。フィルターに細かい砂などの汚れが付いていることが分かります。**写真３**は、汚れたフィルター（右）とそれを洗浄した状態（左）です。ピッカーのフィルターは、放っておくと全く水を通さない状態になってしまいます。

井戸水を使っている農場では、砂や水分中の成分によって目詰まりを起こすことが多いですが、水道水でも配管内の汚れなどがはがれて目詰まりの原因となることがあります。豚房の洗浄時にはピッカーを取り外して掃除すること、導入前にも十分水が出るか確認しましょう。また、飼料を食べていない豚を見つけたときにも、原因の１つとしてきちんと水が出ているかを確認することが大切です。

給餌器はちゃんと調整できている？

写真４：調整ミスから飼料が無駄に

毎日の見回りの際、給餌器のチェックができているでしょうか？

養豚の生産費の５～６割は飼料が占めています。飼料を無駄にすることは、せっかく育てた豚に余計なコストをかけたことになるのです。**写真４**のように、飼槽から飼料があふれて床にこぼれるような状態はもってのほか。また、エサこぼしを心配するあまり、調整板を絞り過ぎてもいけません。

豚房に入っている豚の大きさ、頭数、発育、給餌器のクセなどによって給餌器の調整は変えていかなくてはいけませんが、大切なのは見回りのたびにこまめにチェックし、そのたびに調整すること。これが最も飼料の節約につながります。

踏み込み消毒槽の効果は落ちていない？

写真５：効果が弱まった消毒槽

写真６：用法用量を守って入れ替える

踏み込み消毒槽は、**写真５**のように汚れていたり、長時間日光にさらしたりすると、消毒薬の殺菌効果が薄れてしまいます。汚れたら、**写真６**のようにきれいに洗浄し、入れ替えましょう。

消毒薬によっては、色がついていて、使用経過時間とともに色が消えるものもありますので、目安が分かりづらい人はそういったものを利用するのも良いでしょう。

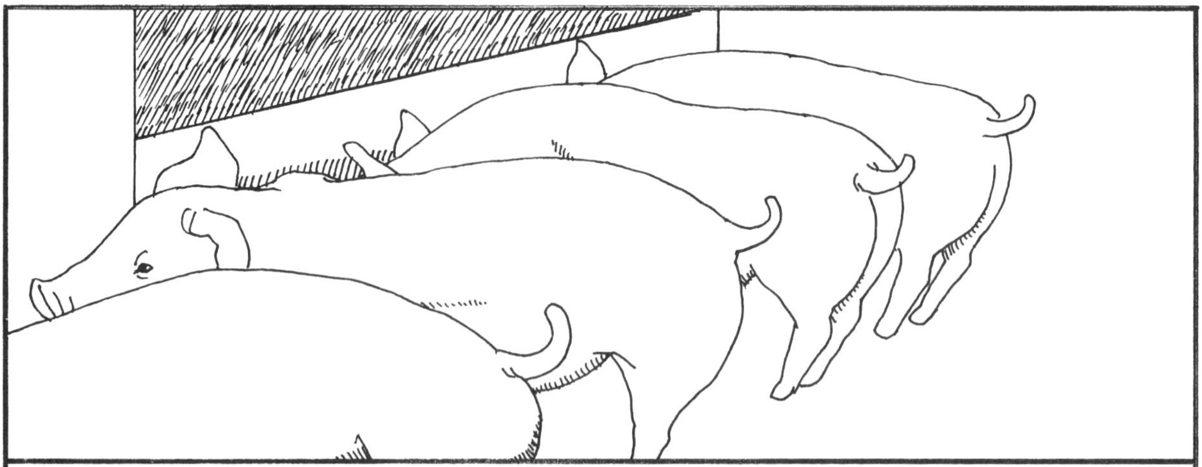

第12話　離乳豚舎の環境管理

受け入れ準備と確認は終了！さぁ、明日は離乳日だ
ふー
やっと終わった…
じゃあ、午後の見回りに行こうか
まだ作業あるのかい
はやいっ
スタスタ
離乳豚舎は肉体労働が少ない分、五感を働かせることが要求されるんだ
そういえば、場長から「離乳豚舎は分娩豚舎の一部と考えるように」と言われました
要するに、離乳直後の子豚はまだまだ小さくて弱いってことなんですよね？すごいストレスを受けているんですね
そういうこと。分娩豚舎にいる子豚は母豚と一緒にいて、母乳を十分に飲んでいるから、免疫成分もたっぷりもらっている
初乳…ですね？
なんか肩がおもい…
あと、確か子豚が健康に育つのに必要なんでしたよね
そうそう
その調子

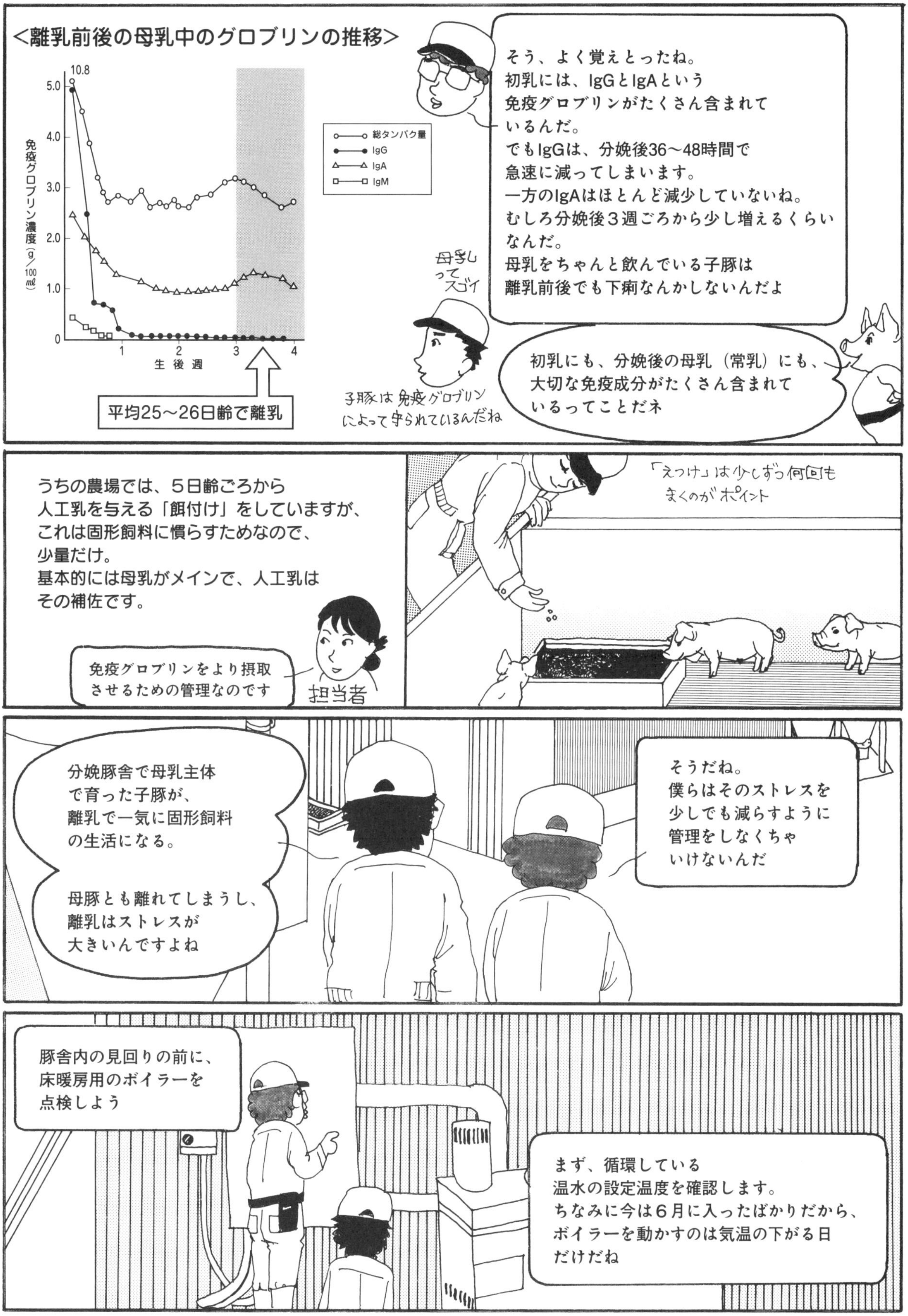
＜離乳前後の母乳中のグロブリンの推移＞
免疫グロブリン濃度（g/100mℓ）
10.8
5.0
4.0
3.0
2.0
1.0
0
1
2
3
4
生後週
総タンパク量
IgG
IgA
IgM
平均25〜26日齢で離乳
そう、よく覚えとったね。
初乳には、IgGとIgAという
免疫グロブリンがたくさん含まれて
いるんだ。
でもIgGは、分娩後36〜48時間で
急速に減ってしまいます。
一方のIgAはほとんど減少していないね。
むしろ分娩後3週ごろから少し増えるくらい
なんだ。
母乳をちゃんと飲んでいる子豚は
離乳前後でも下痢なんかしないんだよ
母乳ってスゴイ
子豚は免疫グロブリンによって守られているんだね
初乳にも、分娩後の母乳（常乳）にも、
大切な免疫成分がたくさん含まれて
いるってことだネ
うちの農場では、5日齢ごろから
人工乳を与える「餌付け」をしていますが、
これは固形飼料に慣らすためなので、
少量だけ。
基本的には母乳がメインで、人工乳は
その補佐です。
免疫グロブリンをより摂取
させるための管理なのです
担当者
「えつけ」は少しずつ何回も
まくのがポイント
分娩豚舎で母乳主体
で育った子豚が、
離乳で一気に固形飼料
の生活になる。
母豚とも離れてしまうし、
離乳はストレスが
大きいんですよね
そうだね。
僕らはそのストレスを
少しでも減らすように
管理をしなくちゃ
いけないんだ
豚舎内の見回りの前に、
床暖房用のボイラーを
点検しよう
まず、循環している
温水の設定温度を確認します。
ちなみに今は6月に入ったばかりだから、
ボイラーを動かすのは気温の下がる日
だけだね

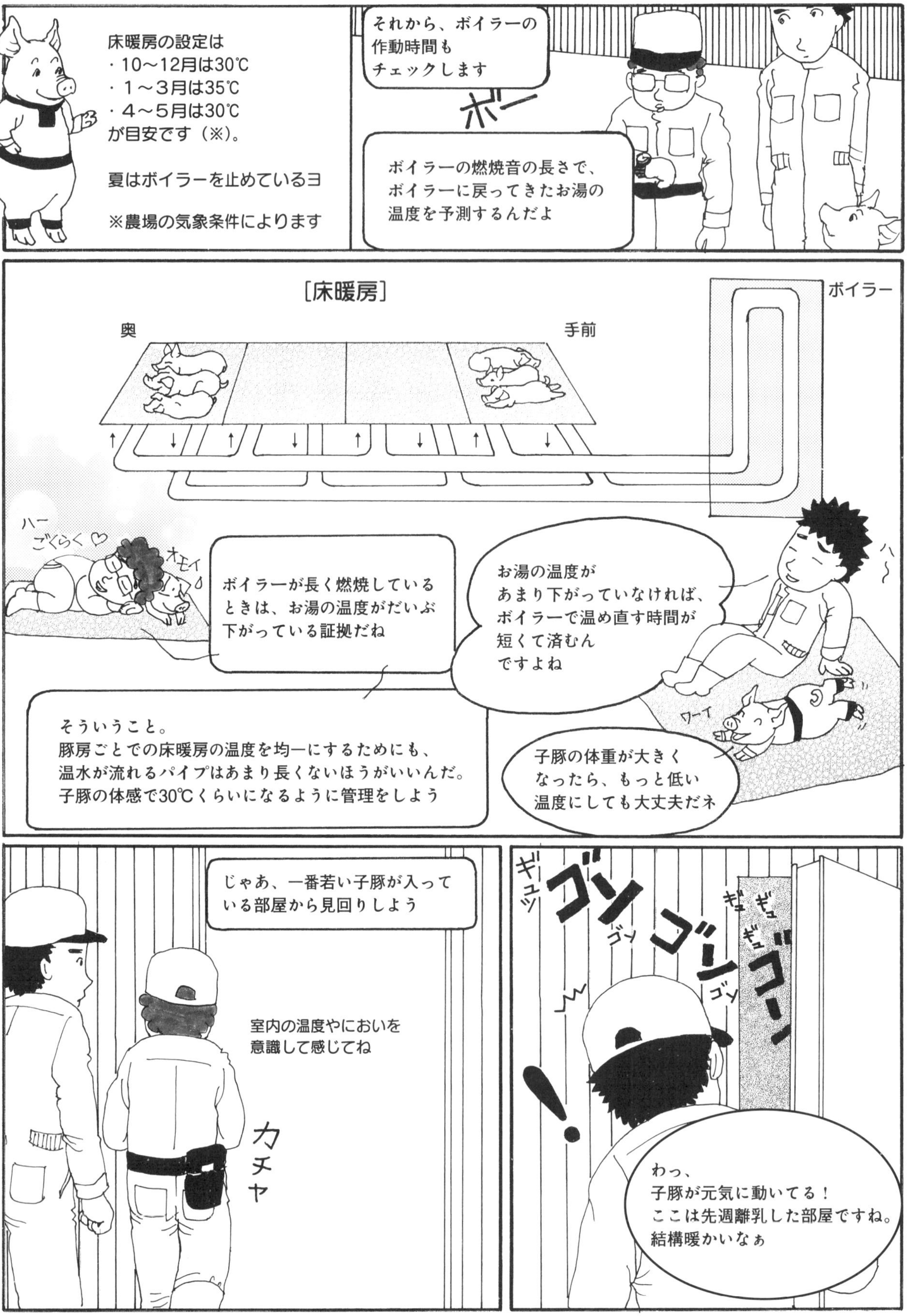

床暖房の設定は
・10～12月は30℃
・１～３月は35℃
・４～５月は30℃
が目安です（※）。
夏はボイラーを止めているヨ
※農場の気象条件によります
それから、ボイラーの作動時間もチェックします
ボー
ボイラーの燃焼音の長さで、ボイラーに戻ってきたお湯の温度を予測するんだよ
［床暖房］
奥
手前
ボイラー
ハー ごくらく♡
オモイ
ボイラーが長く燃焼しているときは、お湯の温度がだいぶ下がっている証拠だね
お湯の温度があまり下がっていなければ、ボイラーで温め直す時間が短くて済むんですよね
ハ〜
ワーイ
そういうこと。
豚房ごとでの床暖房の温度を均一にするためにも、温水が流れるパイプはあまり長くないほうがいいんだ。
子豚の体感で30℃くらいになるように管理をしよう
子豚の体重が大きくなったら、もっと低い温度にしても大丈夫だネ
じゃあ、一番若い子豚が入っている部屋から見回りしよう
室内の温度やにおいを意識して感じてね
カチャ
ギュッ
ゴン
ゴン
ゴン
ゴン
ギュ ギュ
ギュ
ゴーン
わっ、
子豚が元気に動いてる！
ここは先週離乳した部屋ですね。
結構暖かいなぁ

入ったときのにおいは
どんな感じかな？
下痢をしていれば、酸っぱい
鼻につくにおいがするんだよね
ファンが設定ミスで止まっていたり、
掃除不十分でふんがたまって
いたりすると、
いつもより湿度が高くなったり、
目や鼻がツンとしたりするんだよ

＊その１　温度＊

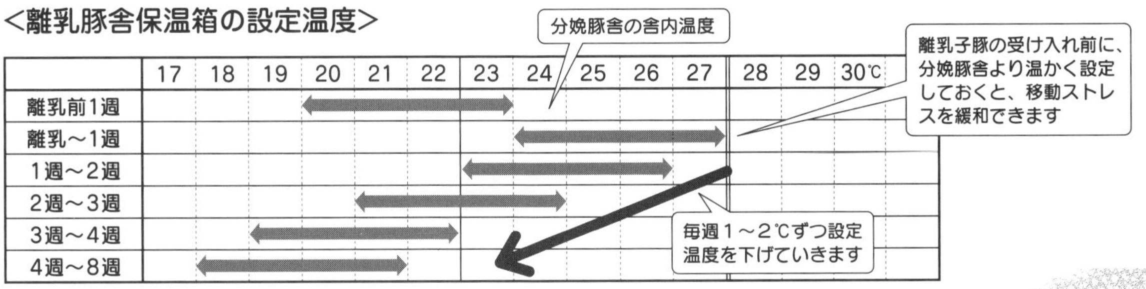
<離乳豚舎保温箱の設定温度>
17
18
19
20
21
22
23
24
25
26
27
28
29
30℃
離乳前1週
離乳～1週
1週～2週
2週～3週
3週～4週
4週～8週
分娩豚舎の舎内温度
離乳子豚の受け入れ前に、分娩豚舎より温かく設定しておくと、移動ストレスを緩和できます
毎週１～２℃ずつ設定温度を下げていきます

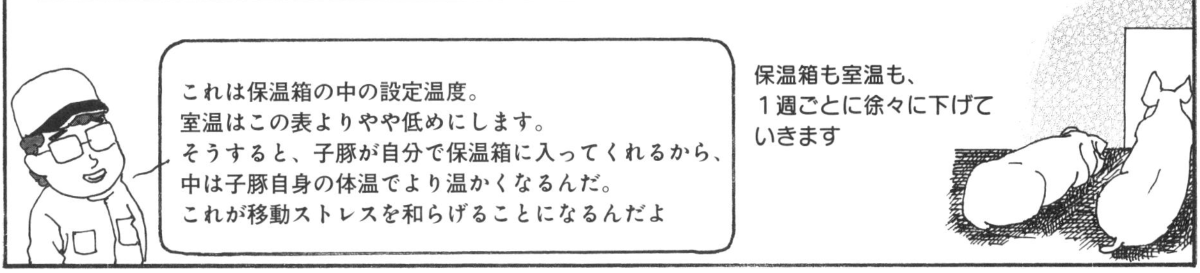
これは保温箱の中の設定温度。
室温はこの表よりやや低めにします。
そうすると、子豚が自分で保温箱に入ってくれるから、
中は子豚自身の体温でより温かくなるんだ。
これが移動ストレスを和らげることになるんだよ
保温箱も室温も、
１週ごとに徐々に下げて
いきます

ほんわり
じんわり
あたたかい
見回りのときは、保温箱を開けて
のぞくこと。
中は子豚の体温で温まっているから、
ブルーダーやコルツヒーターとは
違った感じだよね
ナァニ
ナニ
ナニ

≒
体重20kgの子豚は、
気温20℃だと
40W白熱球とほぼ同じ
約40kcal／時の発熱量が
あるそうだよ
はーあたたかい♡
あ、なごんでる

子豚たちは箱を出入りして、自分で温度調整しているんだろうね
実際の保温箱の中の温度は、導入した週で22～23℃、その後は20℃前後になります
箱の中が暑いと、皆外に出ちゃうし、ふんやおしっこをして汚しちゃうんだヨ
そうだ
星野さん、換気がまだよく分からないので、教えてもらえますか？
ああ、豚舎の空調管理ね。分かりやすいように図を見ながら説明しようか

＊その２　換気＊

［換気の目安（ウインドウレス豚舎）］

冬場：３回／時（１時間に３回空気を入れ替え）
夏場：60回／時（１時間に60回空気を入れ替え）

換気の目的は…

①酸素の供給
②ガスやにおいを取り除く
③ほこりを取り除く
④湿度を取り除く
⑤室内の温度調整
です

［最低換気量］

最低換気量とは、舎内の温度を正常に保つために最低限必要な換気量のこと。
離乳豚舎に収容されている子豚（体重７～30kg）の場合は、0.021～0.113㎥／分／頭が基準となります。

［舎内の空気の流れ］

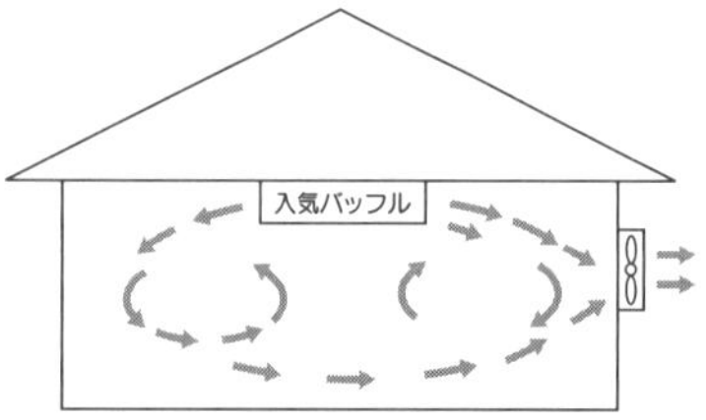
入気バッフル

入気バッフルがセンター（天井）にある場合

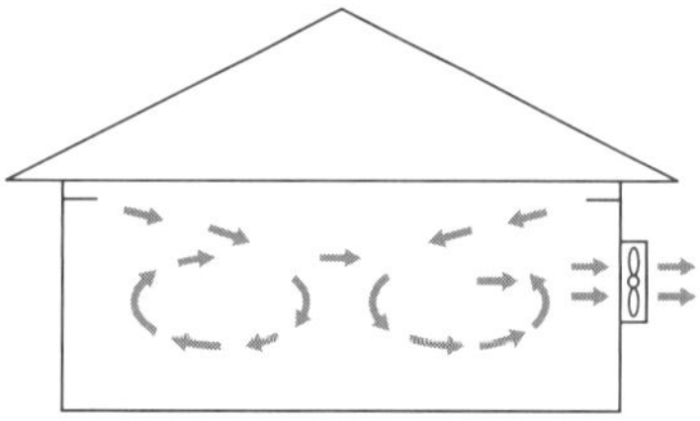

入気バッフルが壁の上部にある場合

入ってきた空気は、天井で混ざってから床面に下りてくるんだね
空気は温まると上昇する性質があるんだヨ。逆に明け方空気が冷えると、空気内に含まれていた水分が放出されるから、豚舎内の湿度が高くなるんだ

※彼らには 見えていません
ジメジメかー
あの、豚舎内の湿度が高いと
何だかムッとしそうですが、
やっぱり豚にも
悪影響なんですよね？
あれ、今湿度のこと
言ったのダレ？
ボクダヨー
もちろん。
湿度が上昇すると体感温度が上がるから、
特に夏場はエサ食いが悪くなったり、
体力が落ちたり、ストレスが
増加したりするんだヨ。
結果的に免疫力が低下して、
病気にかかりやすくなったり
するんダ
ん？肩が重い
※天井面に風力がわかるようにリボンをつけています
ピラピラ
なるほど。
換気において、
湿度の除去は
特に重要…と。
あれ？
ホラ　アレミテ
何？
豚舎内の入気
（インレット）
ピロピロピロ
ずいぶん風が強く入っていますけど、
平気なんですか？

ピヨピヨ
ああ、入気スピードのことだね。
それなら大丈夫。
入気孔の近くでは強いけど、
壁面付近にいくとだいぶ
ゆるやかになっているんだ

入気スピードが遅いと、入ってきた空気がそのまま下の子豚に長時間直撃することになってしまいます。0.4m／秒以上の強い風を子豚に当てるのは厳禁。体調を崩す原因になります。

そこで、わざと入気孔を狭くして、ある程度のスピードをつけて入気し、舎内の空気とよく撹拌してから床面に下りるようにします。入気スピードは2～4m／秒に調整します。

保温箱の設置は、子豚の風よけにも効果があります。

※換気の詳細は112～114ページのコラムで解説します

＊その3　給餌・給水＊

今度は給餌器を
見てみよう
温度、湿度に換気、
飼料とくれば、
次は水かな？
おーり
アタマがパンクしそう
川畑くーん、
飼料と水を
チェックするときには
「質」と「量」に
注目してネー!!
しっかりシロー
「質」？「量」？「質」??
声はきこえていないけど何となく伝わっている？

うちの農場は「フェーズフィーディング」で、豚の発達段階ごとに飼料を少しずつ変えています
「フェーズフィーディング」???
コンランシタ
「量」ト「質」？
離乳１日目は
人工乳後期：人工乳前期＝７：３、
翌日は８：２、３日目は９：１、
といった感じで
徐々に切り替える
方法です
「質」…
川畑くん
ダイジョーブ？
調整板
ヨコ
マエ
それから飼料の出具合について。
これも毎日調整します
「量」…
導入直後の子豚はまだ
調整板をうまくつつけないから、
２～３日間は多めに飼料が出る
ようにするか、直接飼槽に
飼料をまいてやりましょう
給餌器に慣れたら、
飼槽の底が40～50％見えるくらいに調整板を絞ります
週に２回は、飼料タンクの
残量を調べます。
タンクの残量から
消費された飼料の量を
割り出し、
１頭当たりの１日当たり
飼料摂取量を計算します
よし
よし
発育が順調なら、
飼料の消費量が伸びてくる。
逆に停滞しているときは、
何か異常がある証拠。
すぐに現場を
調べないとね
夏場だとタンク中のエサがカビていることもあるよ
「量」ト「質」…
飼料の消費量と体重を
測定しておくと、
今度は飼料摂取量や
飼料要求率が算出できるんだ
この２つは
豚の増体と健康維持の
ために、必ずチェック
しよう
わかったかなー
うんー
うん
やっぱり
数字管理が
大切なんだ
飼料タンクの消費量　÷　豚舎ののべ収容頭数
÷
１頭当たりの飼料摂取量　÷　増体量
飼料要求率
増体は、
健康状態と
飼養管理の
バロメーター！
だから体重測定も重要！
飼料要求率は、
次回くわしく説明するヨ

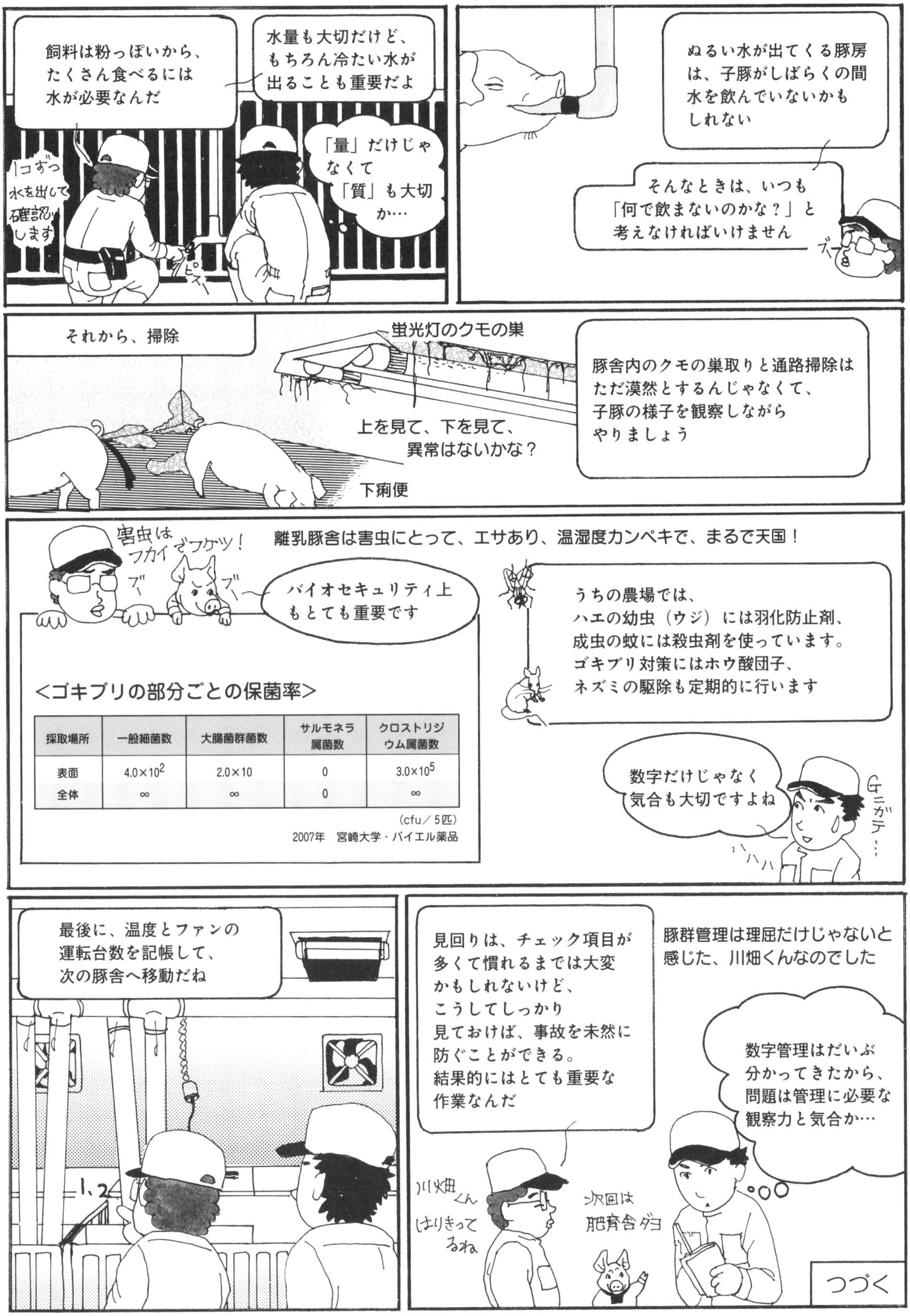

<ゴキブリの部分ごとの保菌率>

採取場所	一般細菌数	大腸菌群菌数	サルモネラ属菌数	クロストリジウム属菌数
表面	4.0×10^2	2.0×10	0	3.0×10^5
全体	∞	∞	0	∞

（cfu／5匹）
2007年　宮崎大学・バイエル薬品

Question

換気のポイントを教えて

Answer

まずは換気の目的を理解しましょう。最も快適な環境条件は、季節によって異なります。五感を使い、よく観察しながらその条件を見極めましょう。

●換気の目的

環境調整は、私たちストックマンの仕事の中で最も難しく、最も重要な管理技術です。なかでも換気は、客観的な判断基準が少なく、分かりづらいと思っている人が多いのではないでしょうか。

豚舎が小さい場合にはカーテンなどを開けて空気を入れ換える「自然換気」だけでも通用するのですが、近代養豚は規模の拡大に伴って豚舎が大きくなり、自然換気ではうまくいかない場合が多くなっています。そこで必要となったのが、換気扇などを用いる「強制換気」です。

実践の前にまず理解しておきたいのは、換気の目的です。

換気は、

❶酸素を供給する
❷ガスやにおいを取り除く
❸ほこりを取り除く
❹湿度を取り除く
❺室内の温度を調整する

ために行います。

また、

❻仕事をしやすい環境を整える

も大切な目的です。

●温度・湿度と体感温度

○夏場の換気

夏場において換気とは、豚から発生した熱量と舎外から入ってきた熱量を、舎外に出すことを指します。また、これとともに豚の体から出る湿度（主に呼気）と、ピットのふん尿から出る湿度・ガスを速やかに外に排出し、舎内の湿度を下げることも換気の目的です。

夏場は特に、呼気の水分と舎外へ排出されず豚舎内に漂う水分の両方が多くなり、湿度が高くなりがちです。湿度が上がると、体感温度は上昇します（**表、図1**）。

豚は汗腺が未発達ですので、体温の調節がうまくできません。日本の夏の

表：湿度変化による体感温度の変化（基準相対湿度 60%の場合）

環境温度（℃）	変化した湿度（± RH%）								
	2	4	6	8	10	15	20	25	30
36	1.2	2.4	3.6	4.8	6.0	9.0	12.0	15.0	18.0
34	1.1	2.3	3.4	4.5	5.7	8.5	11.3	14.2	17.0
32	1.1	2.1	3.2	4.3	5.3	8.0	10.7	13.3	16.0
30	1.0	2.0	3.0	4.0	5.0	7.5	10.0	12.5	15.0
28	0.9	1.9	2.8	3.7	4.7	7.0	9.3	11.7	14.0
26	0.9	1.7	2.6	3.5	4.3	6.5	8.7	10.8	13.0
24	0.8	1.6	2.4	3.2	4.0	6.0	8.0	10.0	12.0
22	0.7	1.5	2.2	2.9	3.7	5.5	7.3	9.2	11.0
20	0.7	1.3	2.0	2.7	3.3	5.0	6.7	8.3	10.0
18	0.6	1.2	1.8	2.4	3.0	4.5	6.0	7.5	9.0
16	0.5	1.1	1.6	2.1	2.7	4.0	5.3	6.7	8.0
14	0.5	0.9	1.4	1.9	2.3	3.5	4.7	5.8	7.0
12	0.4	0.8	1.2	1.6	2.0	3.0	4.0	5.0	6.0
10	0.3	0.7	1.0	1.3	1.7	2.5	3.3	4.2	5.0

舎内温度が 30℃で、湿度が 60%→ 70%に上昇（10%上昇）した場合、豚にとっては舎内温度が 5℃上昇したときと同様の代謝負担が生じる

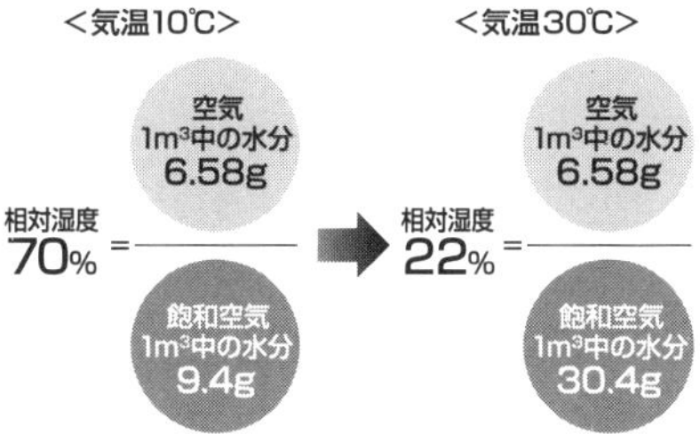

図 1：同じ空気でも温度によって相対湿度は変化する
（出典：100 万人の空気調和、オーム社）

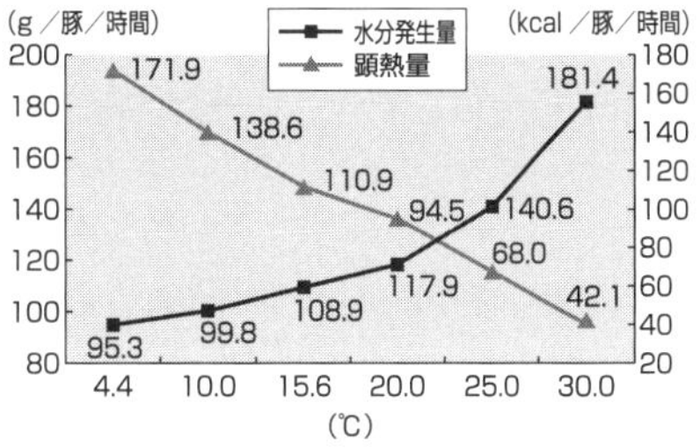

図 2：肥育豚（体重 99.8kg）の顕熱発生量と水分発生量
（出典：MWPS-32 Mechanical Ventilation Sysytem for Livestock housing First Edition、1990）

ように高温多湿の環境下では、豚の体感温度が上がり、生産効率が大きく低下してしまいます。

図 2 を見ると分かるように、舎内温度が上がるにつれて、豚の体から奪われる熱量が少なくなっています。一方で発生する水分が増えています。つまり、体温が下がらない上、湿度が上昇し、蒸し暑く感じる状態になっているというわけです。これは換気不足の典型的な状態です。

夏場の換気のポイントは、

❶外気を積極的に取り入れて、舎内の湿度を下げ、豚の体感温度を下げること

❷人が扇風機を使うように、直接豚に風を当てること

です。

○冬場の換気

冬場において換気とは、舎内の熱量を外に出さずに、新鮮な空気と入れ替えることです。

体感温度が下がると、豚は熱量（カロリー）を消費して、体を維持しようとします。カロリーが増体ではなく維持に使われてしまうと、せっかく食べた飼料も無駄になり、肥育効率が大幅に低下してしまいます。このため、舎内の熱量の維持はとても重要になります。

かといって換気量を下げると、ガスやほこりが舎内に残ることとなり、

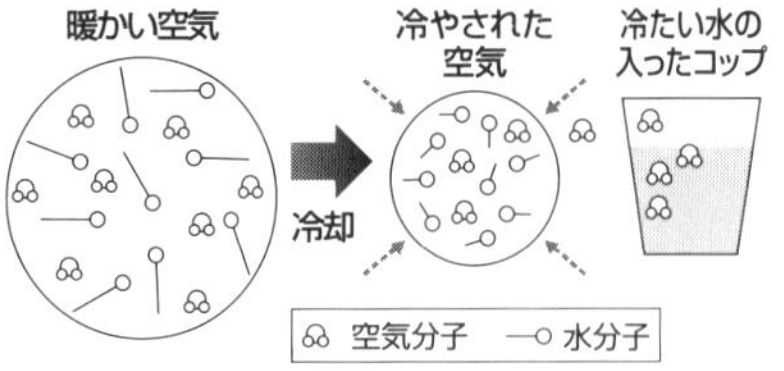

空気分子は冷やされることによって、その自由運動が小さくなり、空気は収縮する。収縮すればその空気に溶け込んでいた水分子が追い出されて、冷たいコップの表面に水滴として現れる

図３：空気の性質（結露）
（出典：100 万人の空気調和、オーム社）

病気の原因になりかねません。「新鮮な空気」は三大基本要素の１つです。

ここでポイントとなるのが湿度です。冬は夏場とは逆で湿度が必要になります。同じ温度でも、細霧装置などを用いて加湿してやると、豚は暖かく感じるのです。

●空気の性質を理解する

換気を適切に行うためには、空気の性質を知っておくことも大事です。

空気は暖められると、体積が膨張して軽くなります。軽くなった空気は水分やほこり、ちり、細菌などを取り込んで上昇します。そのまま舎外へ出て行ってくれれば良いのですが、この空気は屋根の高い位置あたりに漂っています。

夕方から夜間にかけて、外気温が下がり、屋根が冷やされると、上昇していた舎内の空気の温度も下がります。空気は冷えると圧縮されて重くなり、下に下りてきます。そうすると、今まで持っていた水分を抱えきれなくなって、吐き出します。これが、温度の低い場所で結露となって現れるのです（**図3**、129 ページ参照）。

豚のいる空間で結露ができれば、体表がぬれ、体温を下げることになりま

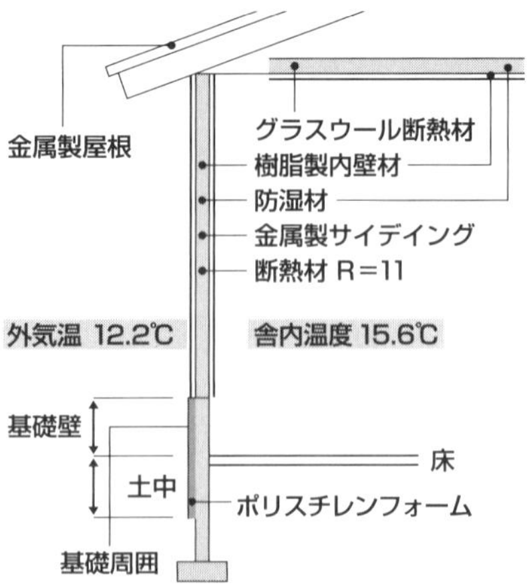

図４：豚舎で使う断熱材とその効果

す。日較差の大きい時期には、特に舎内の温度、湿度変化には注意が必要です。

また、外から中、中から外への熱の伝わり方は、建物の材質や構造でも大きく変わります（**図4**）。

●まずは五感を使って観察を

知識を付けるだけではいけません。現場では、常に五感を使って観察することが何より重要になります。変化する過程を自分の目にしっかりと焼き付けることです。そうすると何が問題なのか、次に何をすれば良いのか、その結果どうなったのかが自然と分かるようになります（PDCA サイクル）。

自分の想定したようにうまくいった場合には、その裏付けとしての原理が働いていたということになります。逆に、うまくいかなかった場合には原理原則が間違っていなかったかを再度検証します。

舎内の風速を計ることは簡単ではありませんが、第 14 話で紹介した風速とリボンの傾きの関係が参考になると思います。ぜひ試してみてください。

第13話　肥育豚舎の管理ー飼料要求率とは？ー

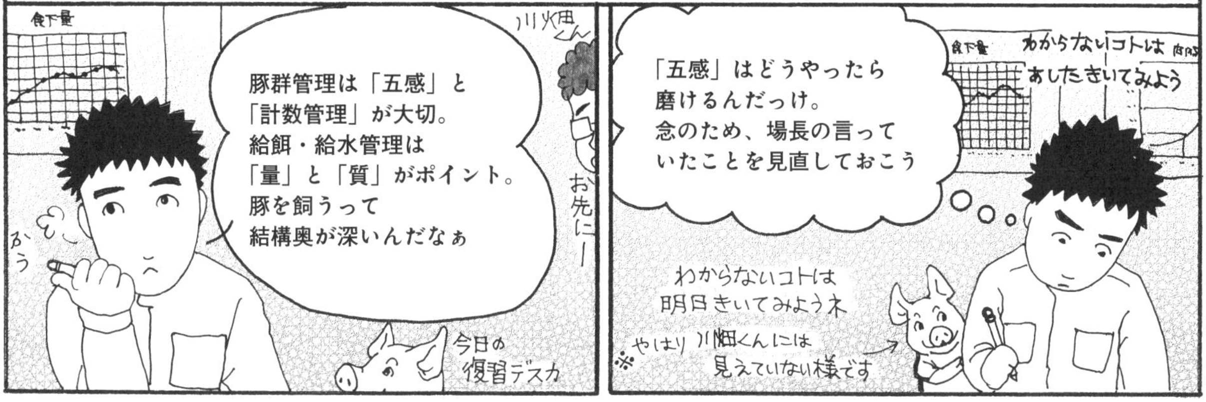
食下量
豚群管理は「五感」と「計数管理」が大切。給餌・給水管理は「量」と「質」がポイント。豚を飼うって結構奥が深いんだなぁ
ふう
川畑くん
お先にー
今日の復習デスカ
「五感」はどうやったら磨けるんだっけ。念のため、場長の言っていたことを見直しておこう
食下量
わからないコトはあしたきいてみよう
わからないコトは明日きいてみようネ
※やはり川畑くんには見えていない様です

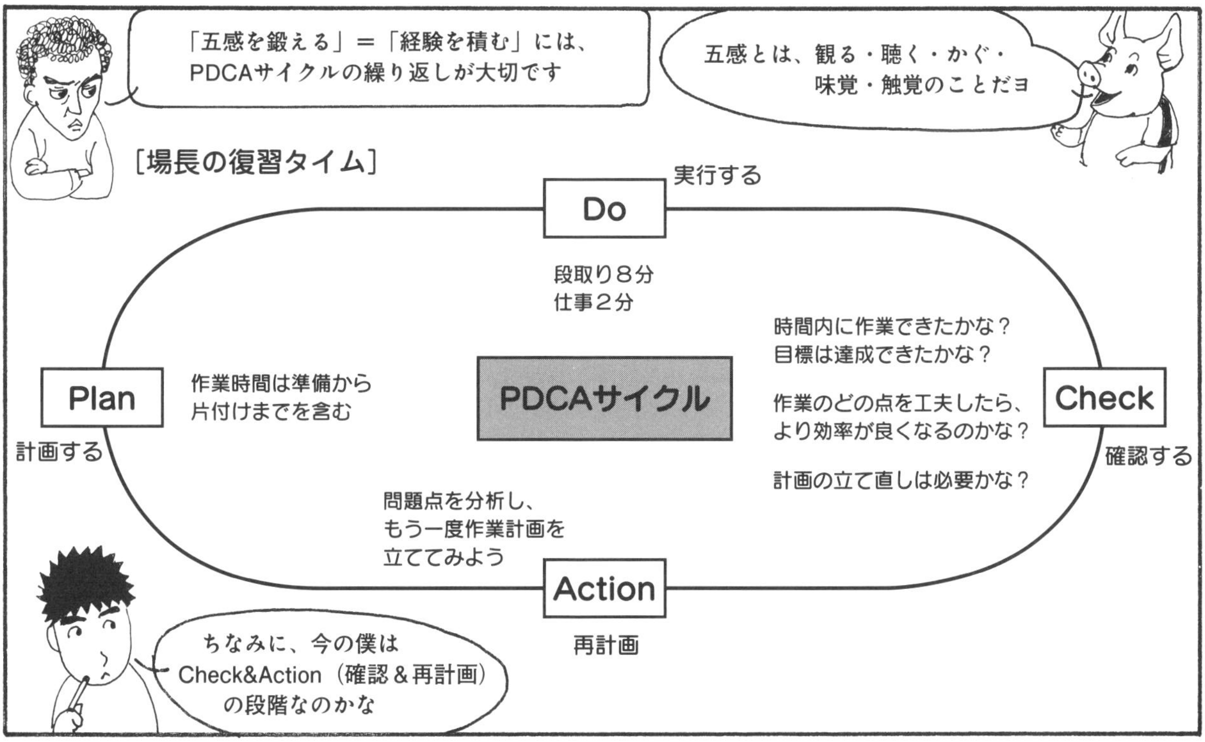
「五感を鍛える」＝「経験を積む」には、PDCAサイクルの繰り返しが大切です
五感とは、観る・聴く・かぐ・味覚・触覚のことだヨ
［場長の復習タイム］
Do
実行する
段取り８分
仕事２分
Plan
計画する
作業時間は準備から片付けまでを含む
PDCAサイクル
Check
確認する
時間内に作業できたかな？
目標は達成できたかな？
作業のどの点を工夫したら、より効率が良くなるのかな？
計画の立て直しは必要かな？
Action
再計画
問題点を分析し、もう一度作業計画を立ててみよう
ちなみに、今の僕はCheck&Action（確認＆再計画）の段階なのかな

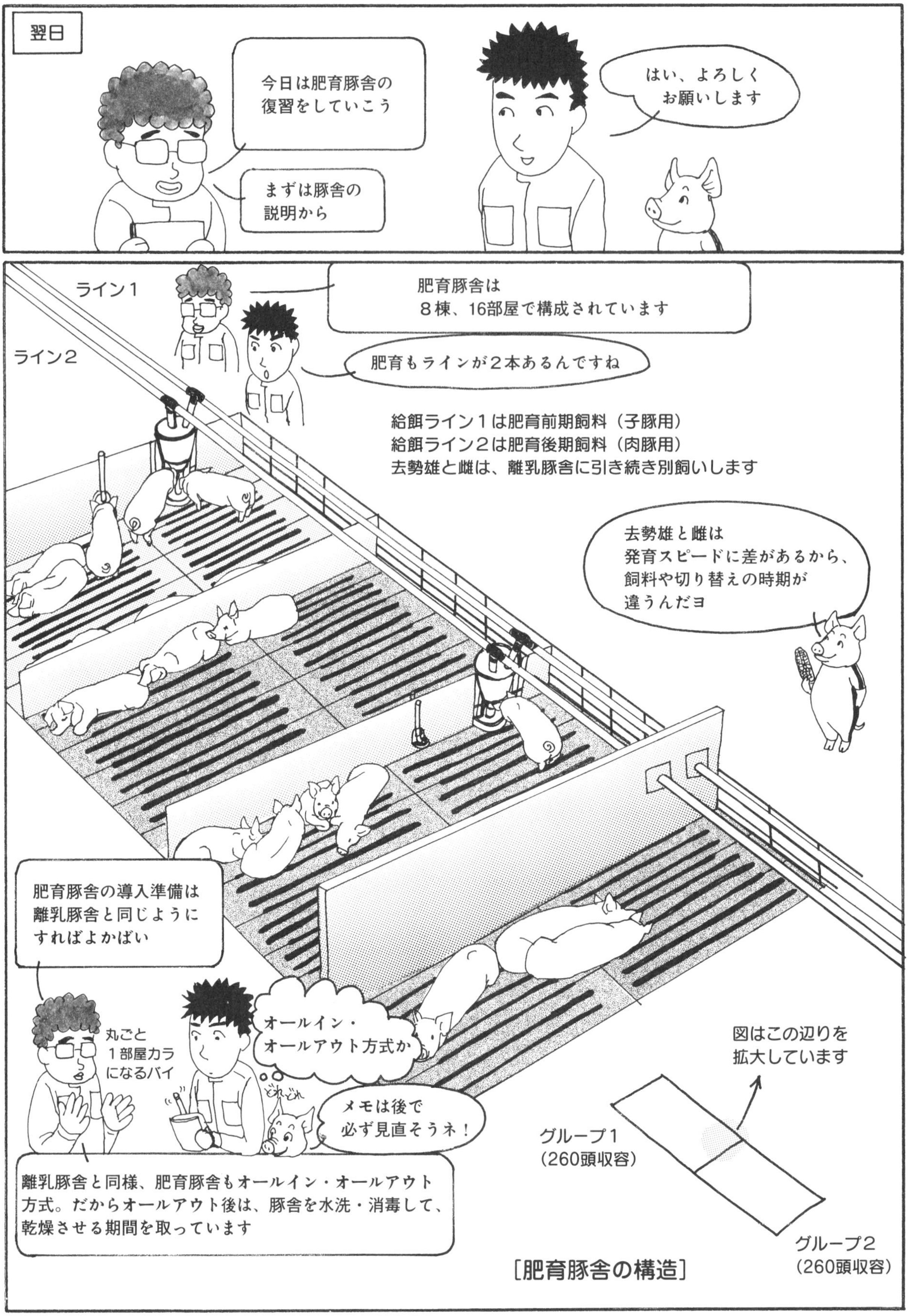
翌日
今日は肥育豚舎の復習をしていこう
まずは豚舎の説明から
はい、よろしくお願いします
ライン１
ライン２
肥育豚舎は８棟、16部屋で構成されています
肥育もラインが２本あるんですね
給餌ライン１は肥育前期飼料（子豚用）
給餌ライン２は肥育後期飼料（肉豚用）
去勢雄と雌は、離乳豚舎に引き続き別飼いします
去勢雄と雌は発育スピードに差があるから、飼料や切り替えの時期が違うんだヨ
肥育豚舎の導入準備は離乳豚舎と同じようにすればよかばい
丸ごと１部屋カラになるバイ
オールイン・オールアウト方式か
どれどれ
メモは後で必ず見直そうネ！
離乳豚舎と同様、肥育豚舎もオールイン・オールアウト方式。だからオールアウト後は、豚舎を水洗・消毒して、乾燥させる期間を取っています
図はこの辺りを拡大しています
グループ１
（260頭収容）
グループ２
（260頭収容）
［肥育豚舎の構造］

＊フェーズフィーディング（飼料の切り替え）＊

星野さん、飼料の切り替えって離乳豚舎でもしていましたよね
肥育豚舎での切り替えのタイミングがまだ分からないのですが…
エライ！メモを見直したんだネ
ライン1 前期（子豚用）
ライン2 後期（肉豚用）
肥育前期飼料は体重35～60kg前後まで
肥育後期飼料は体重60kg前後～出荷（115kg）まで
飼料の切り替え時期は豚の発育の速さや農場の成績によって違うことがあるんだよ
例えばほかの農場はというと
ツギヲミテ
［飼料切り替え時期の違い］
一般的な農場では
70～80kg。
成績の悪い農場では、もっと遅くなることも。
ハイブリッド豚やSPF豚、成績の良い農場では50～60kgのこともあるよ
星野さん、豚の体重の増加に合わせて飼料を切り替えていくのには、何か意味があるんですよね？
お？なかなかヨイ着眼点デスネ
ん？
それはね、発育ステージによって成長する体の部分が違うからなんだよ
何か今、声がハモッてなかった？
離乳豚舎にいる35kgまでは骨や筋肉がつくられる時期
体重60kg以降は、出来上がった骨格に肉と脂肪が付く時期
35kgまでの発育の差は、その後の成長に大きく影響するので、飼料の「質」が重要なのです
ウフッ♡
脂肪は肉のうまみを引き出す要素タイ

逆に、後期飼料は
豚の体の中でタンパク質や
脂肪に変換されやすくて、
なおかつ「量」をたくさん
食べられるようにした、
カロリーが低い飼料なのです
質より量なんですね
ちなみに、分娩豚舎や
離乳豚舎で与えている
人工乳と子豚用飼料は
使用量が少ないから、
飼料要求率には
それほど影響しないんだ
飼料要求率ってなんだっけ？

＊飼料要求率とは？＊

飼料要求率とは、増体１kgに必要な
飼料の量のことです
ん！
飼料を３kg食べて、
１kg増体している場合は、
飼料要求率3.0
となります
豚が出荷されるまでの費用
（生産コスト）のうち、飼料費
は50〜60％を占めています。
なかでも肥育用飼料は一番
給餌量が多い。だから要求率の
差は生産コストに大きく影響
するんだよ

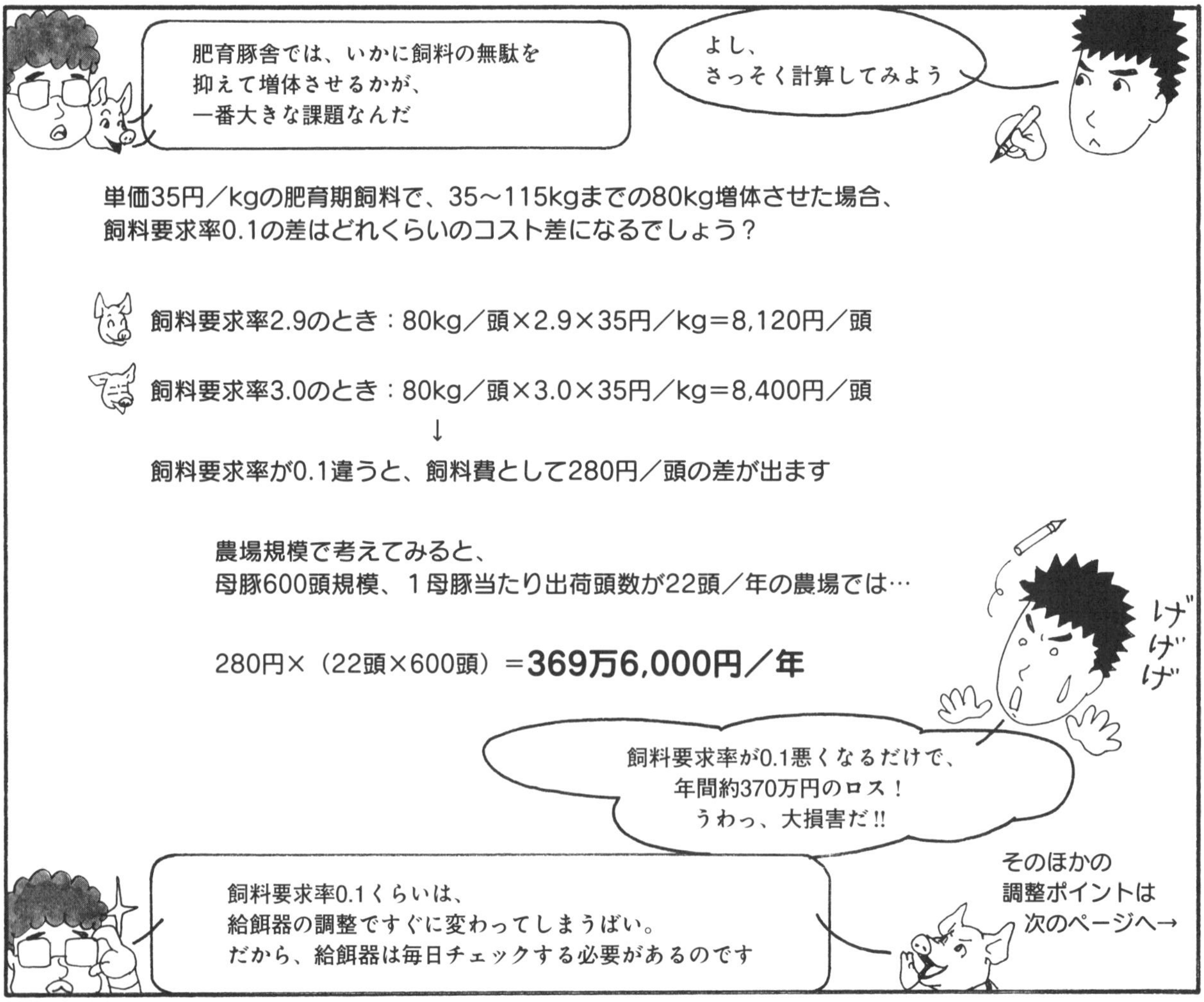
肥育豚舎では、いかに飼料の無駄を
抑えて増体させるかが、
一番大きな課題なんだ
よし、
さっそく計算してみよう
単価35円／kgの肥育期飼料で、35〜115kgまでの80kg増体させた場合、
飼料要求率0.1の差はどれくらいのコスト差になるでしょう？
飼料要求率2.9のとき：80kg／頭×2.9×35円／kg＝8,120円／頭
飼料要求率3.0のとき：80kg／頭×3.0×35円／kg＝8,400円／頭
↓
飼料要求率が0.1違うと、飼料費として280円／頭の差が出ます
農場規模で考えてみると、
母豚600頭規模、１母豚当たり出荷頭数が22頭／年の農場では…
280円×（22頭×600頭）＝**369万6,000円／年**
げげげ
飼料要求率が0.1悪くなるだけで、
年間約370万円のロス！
うわっ、大損害だ!!
飼料要求率0.1くらいは、
給餌器の調整ですぐに変わってしまうばい。
だから、給餌器は毎日チェックする必要があるのです
そのほかの
調整ポイントは
次のページへ→

［飼料要求率を算出する目的とチェックポイント］

①生産コスト削減と付加価値の費用対効果

飼料戦略	豚の発育に合わせて、適切な飼料の切り替え（フェーズフィーディング）ができているか。 飼料要求率には、飼料の形状や嗜好性なども影響します
販売戦略	枝肉重量と肉質が肉の付加価値になります

②環境

設備	豚を飼養するのに最適な設備かどうか
管理	常に健康でストレスなく過ごせる飼養環境を与えているか

③記録

農場の目標（経営戦略と生産成績）に対する達成度の指標
→そのためには、毎日の記録が必要

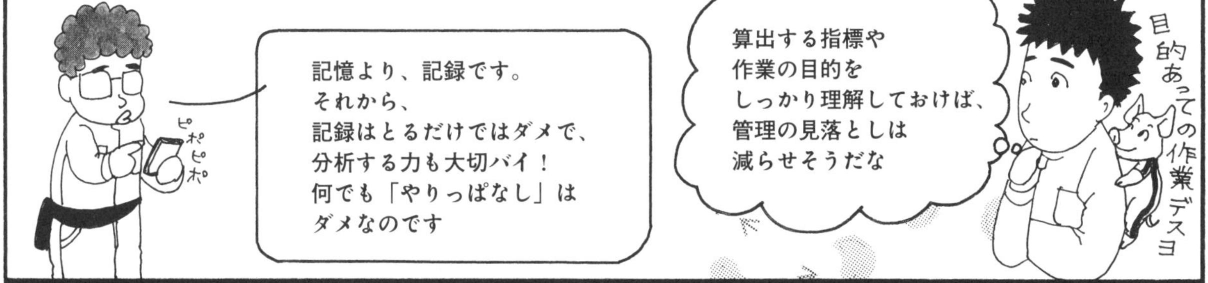
ピポピポ
記憶より、記録です。それから、記録はとるだけではダメで、分析する力も大切バイ！何でも「やりっぱなし」はダメなのです
算出する指標や作業の目的をしっかり理解しておけば、管理の見落としは減らせそうだな
目的あっての作業デスヨ

＊肥育豚舎の管理＊

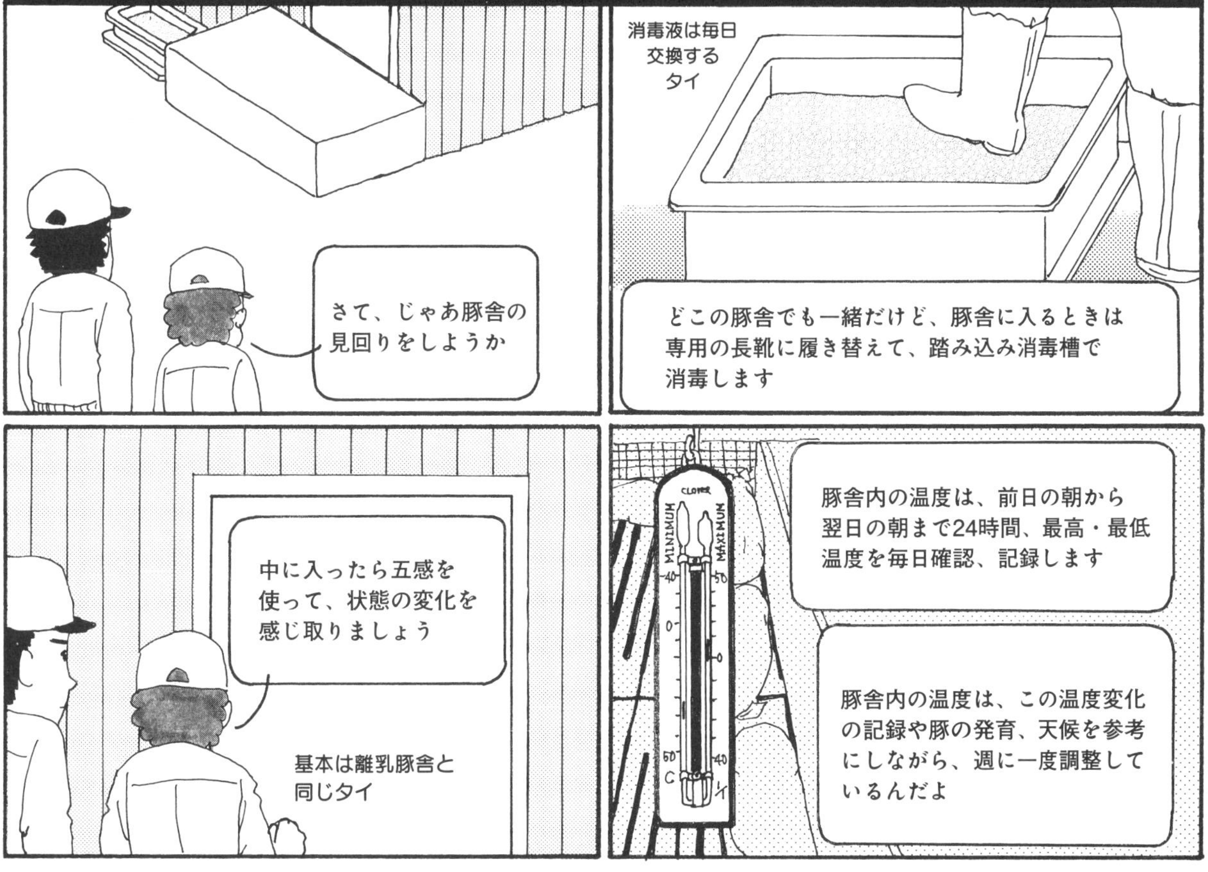
さて、じゃあ豚舎の見回りをしようか
消毒液は毎日交換するタイ
どこの豚舎でも一緒だけど、豚舎に入るときは専用の長靴に履き替えて、踏み込み消毒槽で消毒します
中に入ったら五感を使って、状態の変化を感じ取りましょう
基本は離乳豚舎と同じタイ
豚舎内の温度は、前日の朝から翌日の朝まで24時間、最高・最低温度を毎日確認、記録します
豚舎内の温度は、この温度変化の記録や豚の発育、天候を参考にしながら、週に一度調整しているんだよ

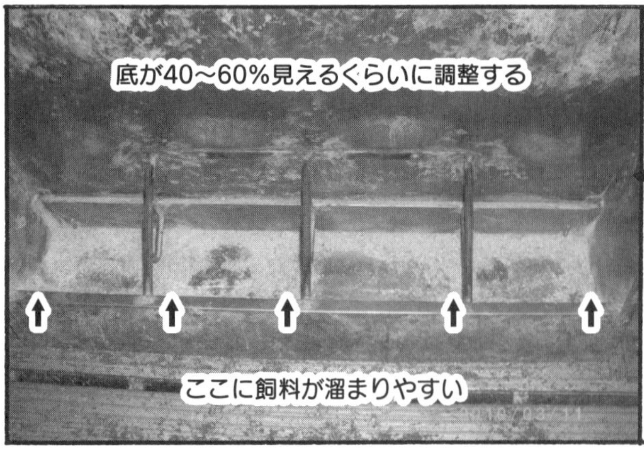
底が40〜60%見えるぐらいに調整する
ここに飼料が溜まりやすい

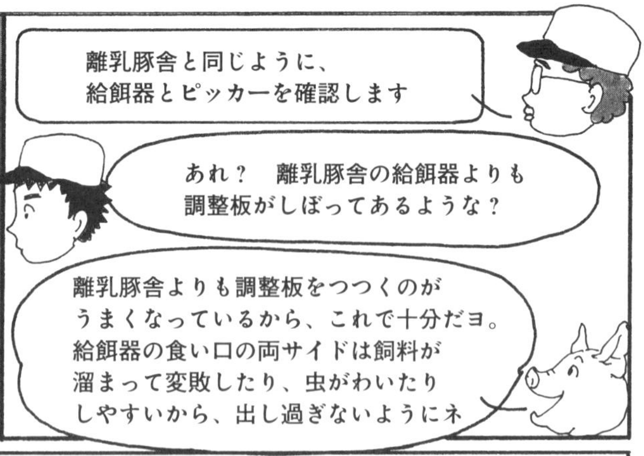
離乳豚舎と同じように、給餌器とピッカーを確認します
あれ？　離乳豚舎の給餌器よりも調整板がしぼってあるような？
離乳豚舎よりも調整板をつつくのがうまくなっているから、これで十分だヨ。給餌器の食い口の両サイドは飼料が溜まって変敗したり、虫がわいたりしやすいから、出し過ぎないようにネ

跛行《はこう》
飼料をしっかり食べておなかが丸々している
尾かじり
豚舎が寒いと増体が悪くなります
各豚房を回って給餌器とピッカーを確認しながら、豚も全頭観察します。豚の健康状態や移動頭数、死亡頭数を確認して、在庫頭数を記録します
［豚群の観察］
在庫頭数は食下量を計算するのに必要デス

＊食下量のチェック＊

星野さん、何で食下量を算出するんですか？
川畑くん、食下量はね、豚が健康に発育しているかどうかの指標になるんだよ
え？　でも飼料要求率を割り出せば、増体も分かるのでは？

飼料要求率は豚を出荷するまで計算できないんだヨ！
だからその代わりに、在庫頭数と飼料の使用量から１日１頭当たりの食下量を算出するんだ
なる程、え？　豚!?
食下量を細かく調べていると、豚の状態変化が早く分かるんだヨ

ハーイ 何故かは２ページ前をもう１度見てネ

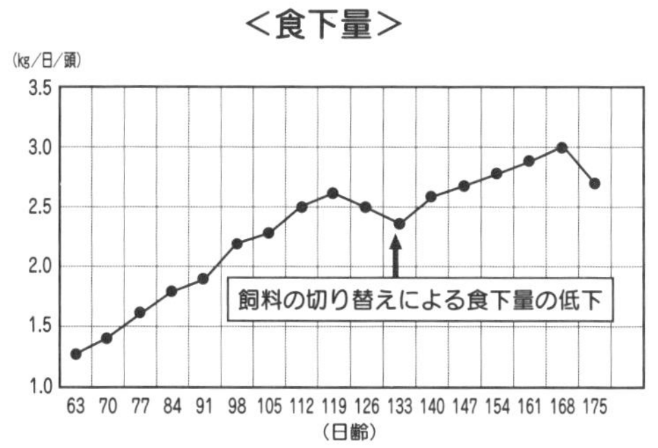
＜食下量＞
(kg/日/頭)
3.5
3.0
2.5
2.0
1.5
1.0
飼料の切り替えによる食下量の低下
63 70 77 84 91 98 105 112 119 126 133 140 147 154 161 168 175
(日齢)

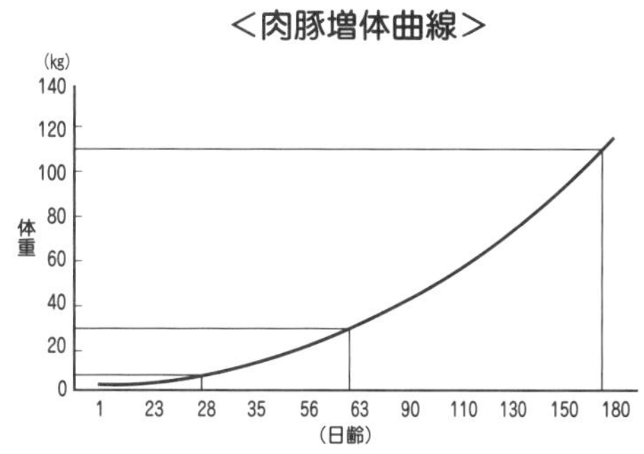
＜肉豚増体曲線＞
(kg)
140
120
100
80
60
40
20
0
体重
1 23 28 35 56 63 90 110 130 150 180
(日齢)

［1日1頭当たりの食下量］

えーと

飼料消費量 ÷ 金曜日時点ののべ収容頭数

飼料消費量
↓
（月曜日のタンク残量）
＋（月～金曜日の受け入れ量）
－（金曜日のタンク残量）

金曜日時点ののべ収容頭数
↓
（受け入れ頭数）
－（死亡頭数）
－（出荷頭数）
＋（移動頭数）

［食下量が落ちる要因］

・ワクチン接種によるリアクション（一時的）
・環境コントロールの失敗
・病気が動いたとき　　など

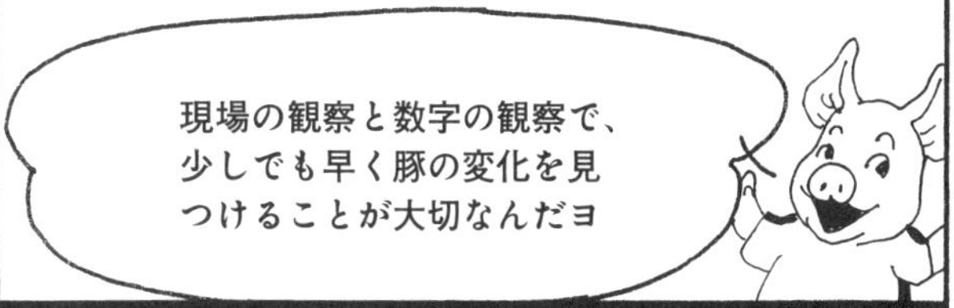
現場の観察と数字の観察で、少しでも早く豚の変化を見つけることが大切なんだヨ

＊給餌量の過不足と影響＊

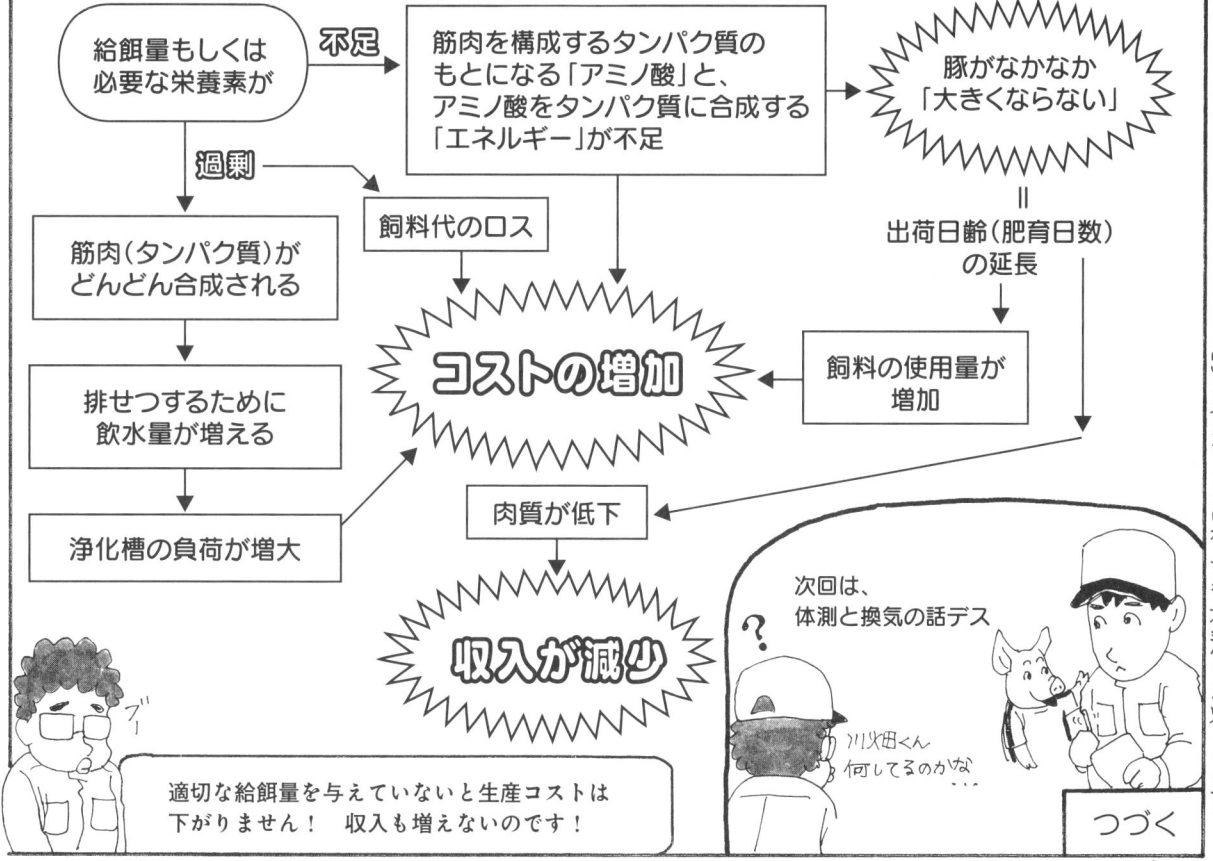

給餌量もしくは必要な栄養素が

→ 不足 → 筋肉を構成するタンパク質のもとになる「アミノ酸」と、アミノ酸をタンパク質に合成する「エネルギー」が不足 → 豚がなかなか「大きくならない」 ＝ 出荷日齢（肥育日数）の延長 → 飼料の使用量が増加 → コストの増加

出荷日齢（肥育日数）の延長 → 肉質が低下 → 収入が減少

筋肉を構成するタンパク質のもとになる「アミノ酸」と、アミノ酸をタンパク質に合成する「エネルギー」が不足 → コストの増加

→ 過剰 → 飼料代のロス → コストの増加

過剰 → 筋肉（タンパク質）がどんどん合成される → 排せつするために飲水量が増える → 浄化槽の負荷が増大 → コストの増加

ブー

適切な給餌量を与えていないと生産コストは下がりません！　収入も増えないのです！

次回は、
体測と換気の話デス
?
川畑くん
何してるのかな…
つづく

肉豚増体曲線はパソコンにデータを入力して出しています

見えるようになっても冷静な川畑くんです

でも星野さんにはやっぱり見えていません

Question
飼料の切り替えのタイミングは？

Answer

ポイントは、飼料中のタンパク質とリジンの量です。効率良く増体させるために、豚が自分に合った飼料を選ぶ「フェーズフィーディング」を取り入れましょう。

●豚の第一制限アミノ酸は“リジン”

飼料の切り替えは、飼養管理の中で最も難しい技術の1つです。近年、世界的に栄養管理技術が向上したことで、豚を効率良く発育させることが可能になってきました。また、利益確保のためには多くの子豚を生ませて離乳させ、そしてより多くの豚肉を生産しなければなりません。そのためには、豚の生理と飼料から得る栄養のことをしっかりと勉強することが重要です。

昨今の家畜栄養の研究では理想アミノ酸の研究が進んでおり、豚に関しては「リジン」が「第一制限アミノ酸」となっていることが分かっています。第一制限アミノ酸とは、必須アミノ酸の中で最も不足するアミノ酸のことを言います。体内でアミノ酸からタンパク質を合成する際、つくることができるタンパク質の合成量はこの第一制限アミノ酸の量により制限されます（**図1**）。つまり、豚では飼料中のリジン含量が生育に大きく関係するというわけです。

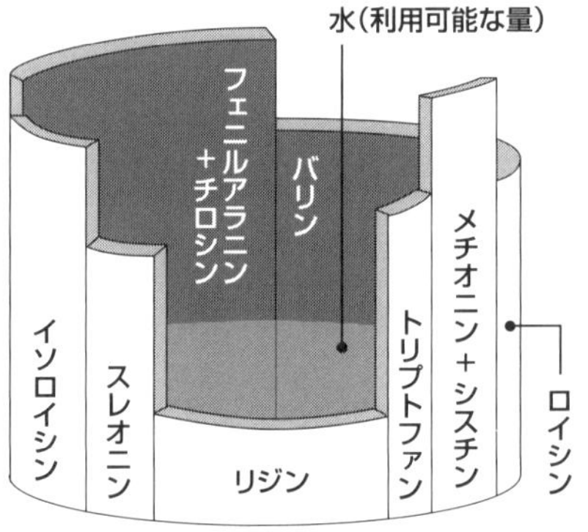

図1：アミノ酸の桶
各アミノ酸を桶の外枠に見立てたイメージ。リジンの量が少なければ、ほかのアミノ酸をどれだけ摂取しても体内で利用する（水を溜める）ことはできない

ですから、豚が必要とするほかのアミノ酸の要求量は、リジンとのバランスで表されています。そのバランスは成長、妊娠、泌乳といった目的の違いによって変わってきます。そのため成長に合わせた適切な栄養が取れるように、各ステージで飼料の内容を変える必要があるのです。

表：豚の発育と栄養

栄養の組み合わせ		90.8kg時	と体中の割合（%）					特徴
前期（16週）	後期（16週）	日齢	脂肪	筋肉	骨	皮	その他	
高栄養飼料	高栄養飼料	165	38.3	40.3	11.0	5.3	5.2	成長と脂肪の蓄積が速まり、脂肪の割合が高くなる
高栄養飼料	低栄養飼料	211	33.4	44.9	11.2	5.4	5.1	最も経済的。完全配合飼料はこの考えのもとに設計されている
低栄養飼料	高栄養飼料	211	44.1	36.3	9.7	4.8	5.0	脂肪が多く蓄積する
低栄養飼料	低栄養飼料	327	27.5	49.1	12.4	5.8	5.2	エネルギーが筋肉や骨格の成長に優先して利用されるので、体脂肪が少なくなる

畜産 ZOO 鑑（中央畜産会、2005）

●食下量はタンパク質とリジンで決まる

豚は、成長するにつれて飼料の食下量が増えてきますが、いつもいつも食べてばかりいるわけではありません。豚の体は食べるタンパク質、リジンの量に反応します。つまり必要な量だけタンパク質（リジン）を摂取したら、もう満腹なのです。

日本では、肥育前期（生後～16週齢）までは高栄養飼料、肥育後期（16～32週齢）は低栄養飼料で仕上げるという方法が一般的になっています（**表**）。また、飼料中1kg当たりのタンパク質とリジンの量も、飼料を切り替えるたびに少なくなっていくよう設計されています。つまり同じ体重でも、前段階の飼料より、次段階の飼料のほうが食下量が増えることになります。こうすることで、より多くの飼料を食べさせながら、無駄な脂肪を付けることなく効率的に肥育することができるのです。

ただし、1日に食べられる量には限度がありますので、極端な切り替えを行えば栄養不足となり、結果的に発育が遅くなってきます。このため、どちらの飼料が適しているのかを見極めながら、飼料を切り替える必要があるのです。

●上手な切り替え方法 フェーズフィーディング

人工乳前期飼料から人工乳後期飼料に切り替えるとき、いきなり変更する人はいないでしょう。急な変化で食い止まりが起きないように、最初は前期飼料を多め、徐々に後期飼料を増やすといった具合に、少しずつ混ぜる比率を変えながら与えていると思います。このやり方が「フェーズフィーディング」であり、昔から経験的に行われていたやり方です（**図2**）。

先ほど説明したように、豚にとっての第一制限アミノ酸はリジンですから、理論上はリジンの過不足が最低限になるよう、できるだけこまめに混ぜる比率を変えてやればいいのですが、実際の現場ではなかなかそうはいきません。

そこで、飼料メーカーは切り替えの目安として体重や日齢を表示しています。ただし、これもあくまで目安です。切り替え時期の判断が難しいのは、同じ豚房内の子豚の大きさが

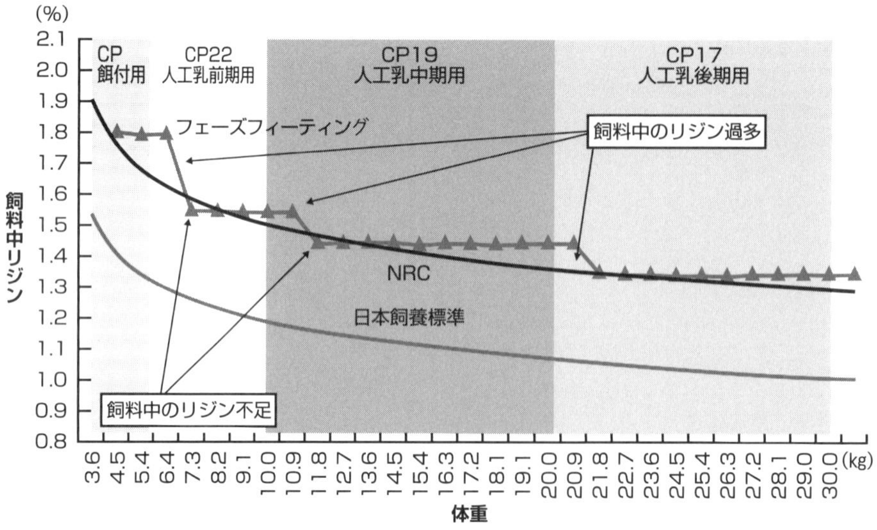

図２：リジン要求量の推移とフェーズフィーディング

違っていたり、体調が思わしくなかったりしていても切り替えざるを得ず、どの豚を標準に置くかが定かではないことのほうが多いためでしょう。

分娩豚舎の哺乳中の子豚であれば、人工乳飼料を少しずつ混ぜて給与することは、それほど難しいことではありません。しかし、それ以降のステージではなかなか難しいでしょう。

離乳豚舎以降は、できるだけ給餌器を２個準備して、２種類の飼料を与えられるようにします。給餌搬送ラインが2ラインある場合は、ドロップパイプを給餌器内の端と端に設置して、給餌器内で2つの山ができて、混ざらずに飼槽に出てくるように調整しましょう。そうすると、豚は自分の体調に合わせて内容の違う飼料を食べ分けます。

適した切り替えができているかどうかは、食下量をチェックすると分かります。また、離乳時、ワクチン接種時にも食下量が減り増体が悪下します。見かけの体重は変化していなくても、実際には筋肉量が減っていることもあります。このような状況でウイルスや細菌に接触すれば簡単に病気を発症します。これを知るためにも、飼料の食下量をチェックすることは非常に重要なことです。

農場の立地条件や豚房の構造によっても違うでしょうが、切り替え時期には２種類の飼料を与えてどちらを好んで食べるか観察してください。これができない場合には３～５日間をかけて徐々に切り替えることと、混ぜる比率を変えることがポイントです。健康で発育の良い子豚ほど次のステージの飼料を食べたがりますし、栄養レベルの高い飼料ほど早めの切り替えが良いでしょう。

豚の生まれてからの増体重は生後１週で2倍、２週で3倍になるということ、筋肉細胞が大きくなるのではなく、細胞の数が増えるということを覚えておきましょう。このため、細胞を増やす源である微量要素の要求量もとても多いのです。

14話　肥育豚舎の管理 ―まとめ―

食下量
飼料要求率の算出は、生産コストの削減に必要なのかぁ
そういえば、生産コストの50～60％は飼料費なんだったっけ

あと、飼料の切り替え時期は、去勢雄と雌では違って…
そうだ！肥育豚舎の換気システムってどうなっているのかな？
あした きいてみようっと

＊雌雄別飼いと体重測定＊

翌日
離乳のときにはほぼ体重が同じ豚群も、成長とともにバラツキが発生してくるんだヨ
場長も言っていたと思うけど、肥育部門は豚を売ってお金にするところ。いかに無駄なく肉豚を出荷できるかが、出荷技術なのです。そのためにはバラツキを抑えることが大切。
だから僕たちはこまめに体重測定をするんだ
そういえば、星野さん

確か雌と去勢雄は発育スピードが違うから、別々の豚房で飼って、飼料の切り替え時期を変えているんでしたよね？
そう、雌のほうが去勢雄より発育が遅いからね。切り替え時期を変えるだけじゃなくて、リジンの量も違います
リジン？
リジンは必須アミノ酸の1つ。豚の1日の飼料摂取量は、リジンの量で増えたり減ったりするんだヨ。順調な発育のためには、アミノ酸バランスが大事なんダ
去勢雄は食べる量が多いぶん、厚脂になりやすいので、リジンの少ない飼料にしています
背脂肪が厚い「厚脂」や体重が重過ぎる「大貫豚」は、市場や卸売業者には好まれません
すなわち収入の減少タイ
だから、こまめに体重測定をするんですね
納得！
ちなみにうちの農場の出荷目安は、生体で115kg。体重測定は次週出荷予定豚を対象に、毎週しとるバイ
季節によって発育には差が出るから、3ヵ月に1回、グループごとの体重測定をするんダ
体重測定って体力を使うし、毎週測るのは結構大変ですよね
ハイ110kgね
慣れないうちはね。でも慣れてくれば見ただけでも大体の体重が分かるようになるんだよ
目貫《めかん》っていうバイ
この首の付け根辺りの太さを触ることで、かなりの確率で体重を当てられる
ぴたっ
すごい！
？
だけどね、この勘を養うためにも、それから勘を過信しないためにも、きちんと体重測定をしなくていけないよ
デスヨ！

＊肥育豚舎の換気システム＊

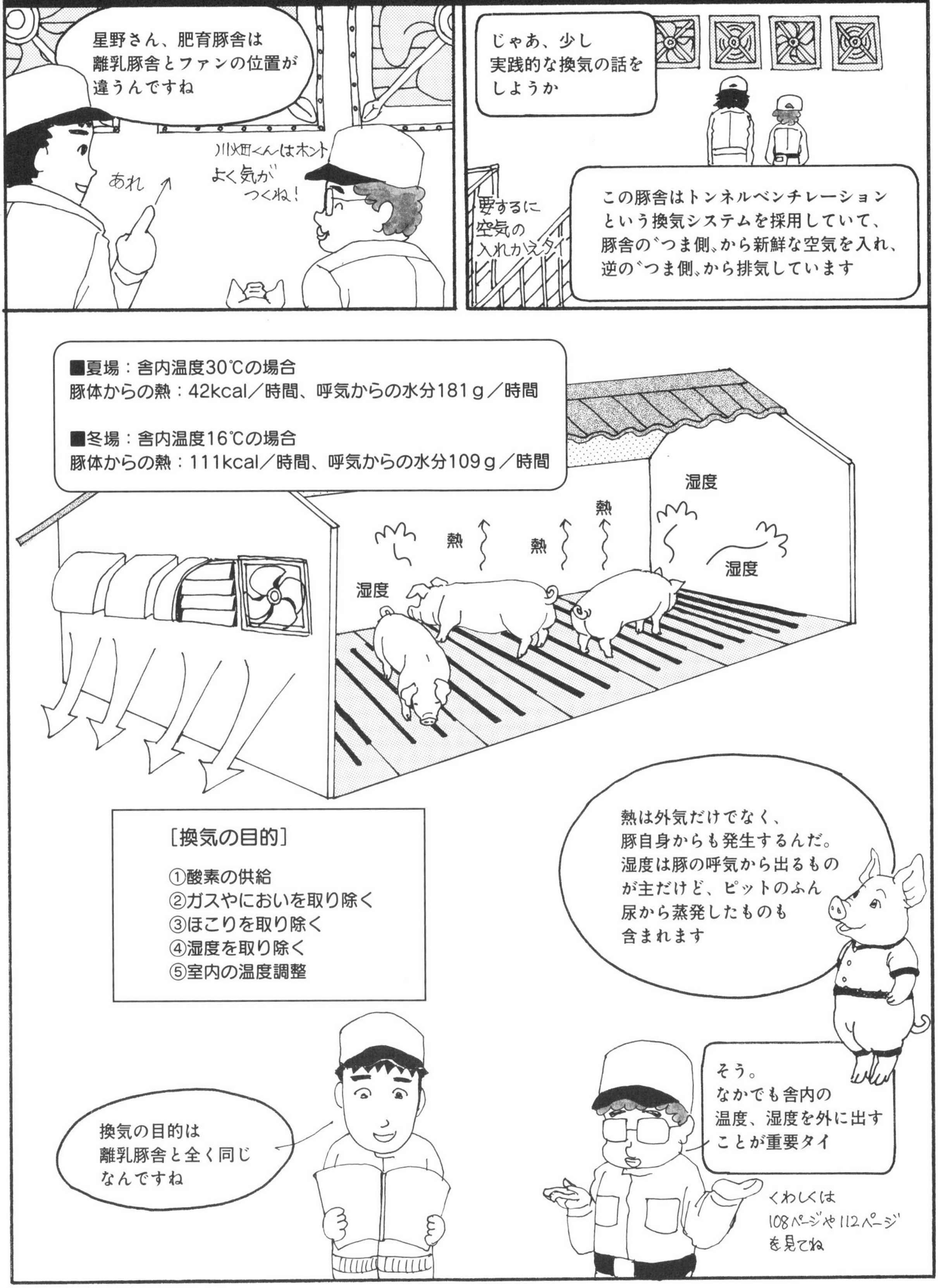

星野さん、肥育豚舎は離乳豚舎とファンの位置が違うんですね
あれ
川畑くんはホントよく気がつくね！
じゃあ、少し実践的な換気の話をしようか
この豚舎はトンネルベンチレーションという換気システムを採用していて、豚舎の〝つま側〟から新鮮な空気を入れ、逆の〝つま側〟から排気しています
要するに空気の入れかえタイ
■夏場：舎内温度30℃の場合
豚体からの熱：42kcal／時間、呼気からの水分181ｇ／時間
■冬場：舎内温度16℃の場合
豚体からの熱：111kcal／時間、呼気からの水分109ｇ／時間
湿度
熱
熱
熱
湿度
湿度
［換気の目的］
①酸素の供給
②ガスやにおいを取り除く
③ほこりを取り除く
④湿度を取り除く
⑤室内の温度調整
熱は外気だけでなく、豚自身からも発生するんだ。湿度は豚の呼気から出るものが主だけど、ピットのふん尿から蒸発したものも含まれます
換気の目的は離乳豚舎と全く同じなんですね
そう。なかでも舎内の温度、湿度を外に出すことが重要タイ
くわしくは108ページや112ページを見てね

水分発生量　顕熱量
(g／時間／豚)
(kcal／時間／豚)
200 180 160 140 120 100 80
180 160 140 120 100 80 60 40 20
4.4 10.0 15.6 20.0 25.0 30.0
(℃)
171.9 138.6 110.9 94.5 68.0 42.1
95.3 99.8 108.9 117.9 140.6
＜肥育豚（体重99.8kg）の顕熱発生量と水分＞
グラフを見てみると分かるけど、舎内の温度が上昇すると、豚からの熱の発散が減ってくる。その一方で、水分の放出は増えてくるんだ
アツイー
ハァ
ハァ
わ、クロスしてる！夏場は大変そうですね
換気が悪いと蒸し暑く感じるんだヨウ
どうしてそうなるかって？豚は汗腺が未発達だから、体温の調節がうまくできないんだヨ。ときどき肥育末期の大きい豚が熱射病でポックリ死んじゃうコトもあるんだ
汗をかけないの！
ふーん
そうなんだ！肥育豚は体が大きくて脂肪が付いているぶん、除湿して体感温度を下げてあげないといけないんだね
そう、そのための換気なんデス
※やっぱり星野さんには見えていません
豚の体感温度は、温度・湿度が上がる夏場には、扇風機やダクトで直接風を当てることで下げています
温度が高くても、湿度を下げたり、風を送ることで体感温度は下げることができるんだ
ばってん、舎内の温度・湿度が下がる冬場は、逆に豚の体感温度を少しでも下げないようにしないといけない。だから、細霧装置などを使って湿度をあげるト
部屋の湿度を上げると、同じ温度でも温かく感じるんだヨ
ただし、細霧装置はやり過ぎると気化熱で舎内の温度が奪われてしまったり、豚がぬれてしまったりするから、注意が必要です
1回の時間を短くして、回数を多くするといいね
十分換気をしても豚が寒がらないように、分娩豚舎と離乳豚舎では保温箱を設置しています

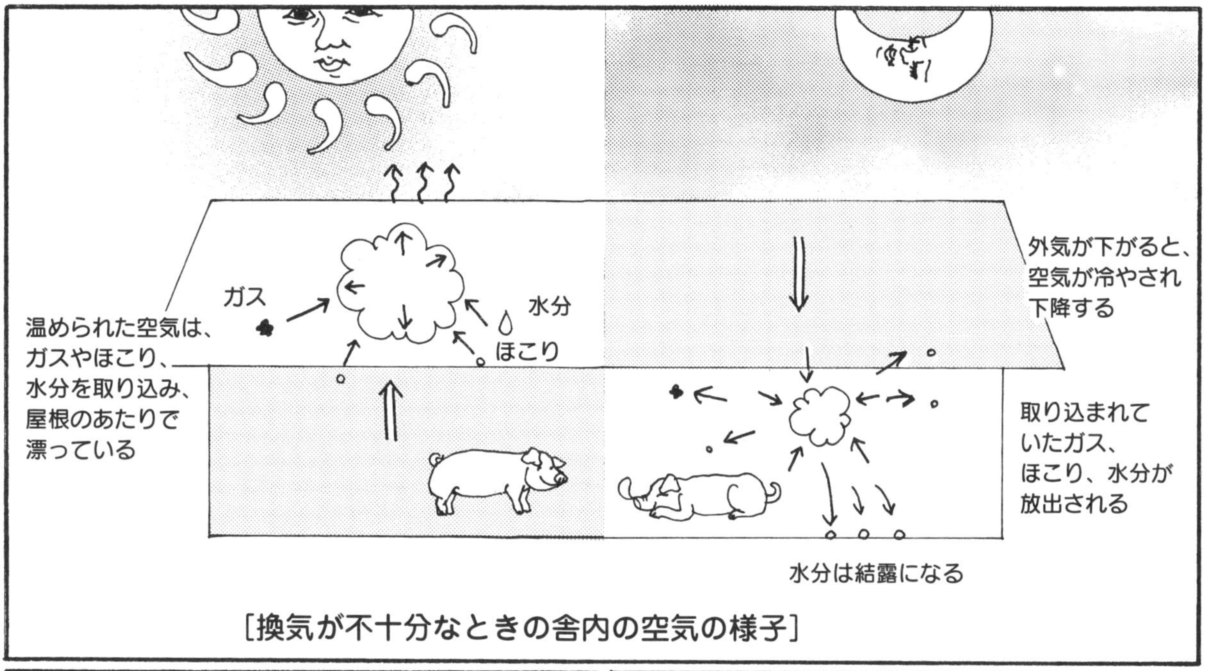
ガス
水分
ほこり
温められた空気は、
ガスやほこり、
水分を取り込み、
屋根のあたりで
漂っている
外気が下がると、
空気が冷やされ
下降する
取り込まれて
いたガス、
ほこり、水分が
放出される
水分は結露になる

[換気が不十分なときの舎内の空気の様子]

空気の動きって
複雑なん
ですね
アハハー
あまり難しく
考えることはなか。
まずは知識よりも
五感を使って経験
することタイ
理屈より
経験だ!
知識はね、作業が
うまくいかなかったときの
検証の道具だって
考えるとイイヨ
そうかあ
うーん
アタマ
が
オモイ
とはいえ、換気が
うまくいっている
のかは、確かめる必要
があるのです

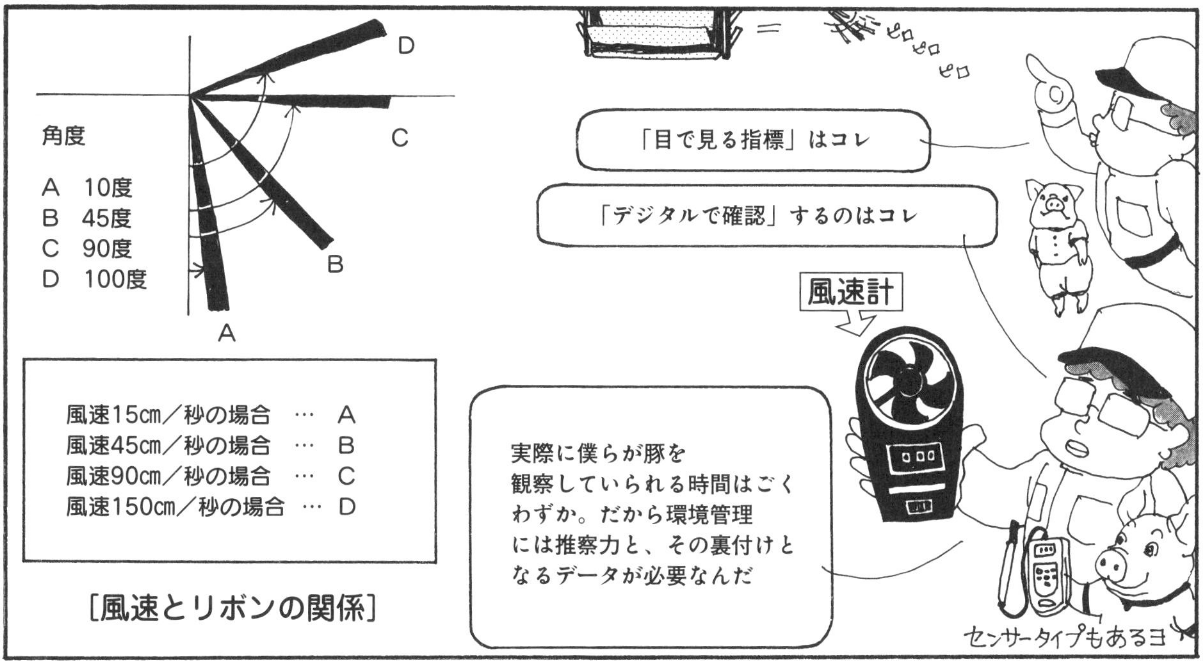
D
C
B
A
角度
A　10度
B　45度
C　90度
D　100度
風速15㎝／秒の場合　…　A
風速45㎝／秒の場合　…　B
風速90㎝／秒の場合　…　C
風速150㎝／秒の場合　…　D
ピロ
ピロ
ピロ
「目で見る指標」はコレ
「デジタルで確認」するのはコレ
風速計
実際に僕らが豚を
観察していられる時間はごく
わずか。だから環境管理
には推察力と、その裏付けと
なるデータが必要なんだ
センサータイプもあるヨ

[風速とリボンの関係]

＊豚の観察ポイント　まとめ＊

星野さん、豚の管理は
「理屈より実践」だって
言っていたけど、
まだ自信が無いなぁ…
ただいま消毒中

それなら僕と
一緒に確認
していこうヨ

観察のポイントは２つ。
豚の「行動」と「状態」だヨ
＜良い寝姿＞
＜良い食いっぷり＞
［豚の行動］

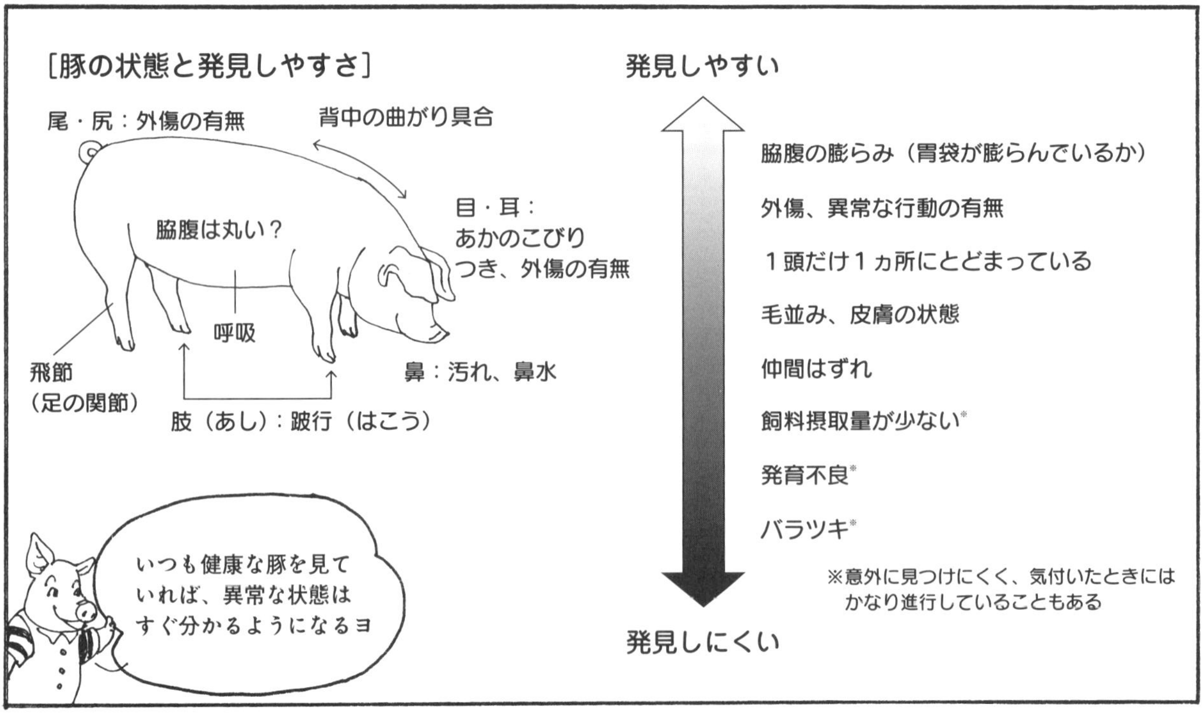
［豚の状態と発見しやすさ］
尾・尻：外傷の有無
背中の曲がり具合
脇腹は丸い？
目・耳：
あかのこびり
つき、外傷の有無
呼吸
鼻：汚れ、鼻水
飛節
（足の関節）
肢（あし）：跛行（はこう）
発見しやすい
脇腹の膨らみ（胃袋が膨らんでいるか）
外傷、異常な行動の有無
１頭だけ１ヵ所にとどまっている
毛並み、皮膚の状態
仲間はずれ
飼料摂取量が少ない※
発育不良※
バラツキ※
※意外に見つけにくく、気付いたときには
かなり進行していることもある
発見しにくい
いつも健康な豚を見て
いれば、異常な状態は
すぐ分かるようになるヨ

へーえ、言われてみるとなるほどっていうしぐさばかりだね
川畑くーん、消毒終わった？
あ、はい終わりました。星野さん、肥育豚舎の管理って複雑そうですけど、
よく観察して1つずつ解決していくしかないんですね
そうだよ。肥育豚舎に限らず、観察するってとても大事なんだ
座学で教えてもらったと思うけど、飼料原料の90%近くが輸入で、生産コストの50～60%を飼料費が占めているんだったよネ
フム
フム
川畑メモ
それから飼料の無駄を省くことも大切タイ
生産効率を良くするためにも、日ごろの観察や数字から「今農場で何が起こっているのか？」を正確に知っておきたいね
ちなみに社長からは、「肥育成績は**1母豚当たり年間出荷枝肉重量**で考えないといけない」と言われているんだ
？
1母豚当たりの枝肉重量ですか？
そう、肉豚1頭当たりの枝肉重量×1母豚当たりの年間出荷頭数だね
母豚
死産・事故
離乳
事故
移動
出荷（頭数）
枝肉（kg）
［1母豚当たり枝肉重量］
1母豚当たりの枝肉重量が多くなるということは、同じ設備、同じ母豚数で、より生産効率が上がっているということなんだヨ
今うちの農場では、77kg×23頭＝1,771kg／母豚だけど、社長からは「目標は77.5kg×25頭＝1,937.5kg」と言われているから、もっと頑張らないとね
結構ハードルは高いんですね…
肥育の仕事って奥が深いんだなぁ。
もっと勉強して、成績アップできるように頑張ろう
つづく

今日はふん尿処理施設を案内します。君たちは農場で働き始めたから、ふん尿処理施設を見るのは初めてだね
はい。僕は大学で勉強しましたが、実際にはよく分かっていません
ワタシゼンゼンワカラナイー
というわけで、まずは簡単に説明しマス

第15話　ふん尿処理を知ろう―たい肥化処理―

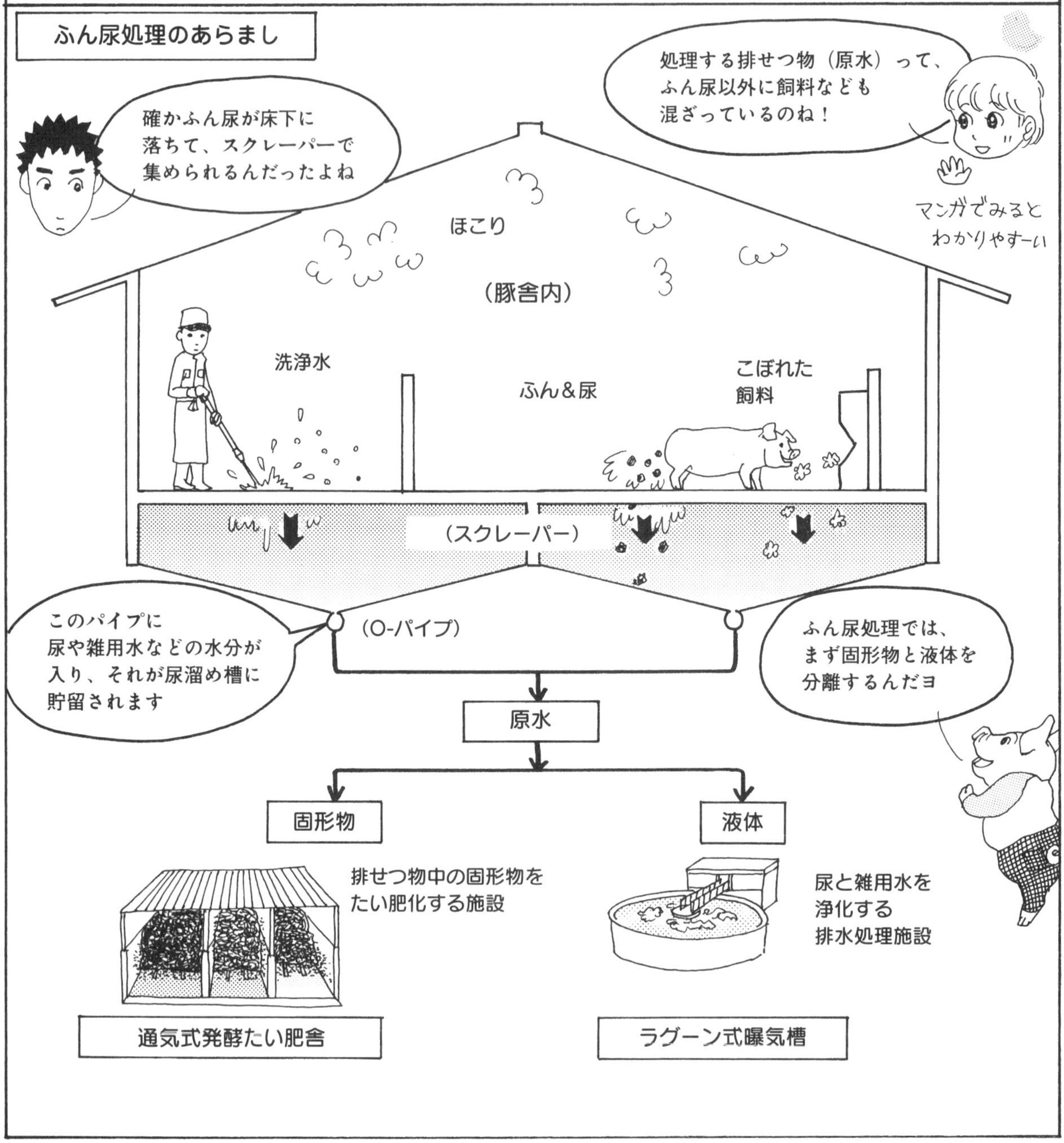
ふん尿処理のあらまし
確かふん尿が床下に落ちて、スクレーパーで集められるんだったよね
処理する排せつ物（原水）って、ふん尿以外に飼料なども混ざっているのね！
マンガでみるとわかりやすーい
ほこり
（豚舎内）
洗浄水
ふん＆尿
こぼれた飼料
（スクレーパー）
このパイプに尿や雑用水などの水分が入り、それが尿溜め槽に貯留されます
（O-パイプ）
ふん尿処理では、まず固形物と液体を分離するんだヨ
原水
固形物
液体
排せつ物中の固形物をたい肥化する施設
尿と雑用水を浄化する排水処理施設
通気式発酵たい肥舎
ラグーン式曝気槽

曝気槽とたい肥舎では、微生物の力を借りてふん尿中の有機物を分解するんダ。
環境を汚染しない再利用可能な資源へと変えているんだヨ
ふ〜ん、そうなんだ
へ〜え
ずいぶん手間がかかっているんだね
そう！　豚の排せつ物は、ヒトと比べるとBODがとても高いし、ふん尿処理には法的な規制もあるのデス。
だから、手間もコストもかかるけど、しっかりやらなくちゃいけないんだヨ
BODって何？
ふ〜ん
もしかして、微生物の活性に関する指標なのかな？

＊活性汚泥って何をするの？＊

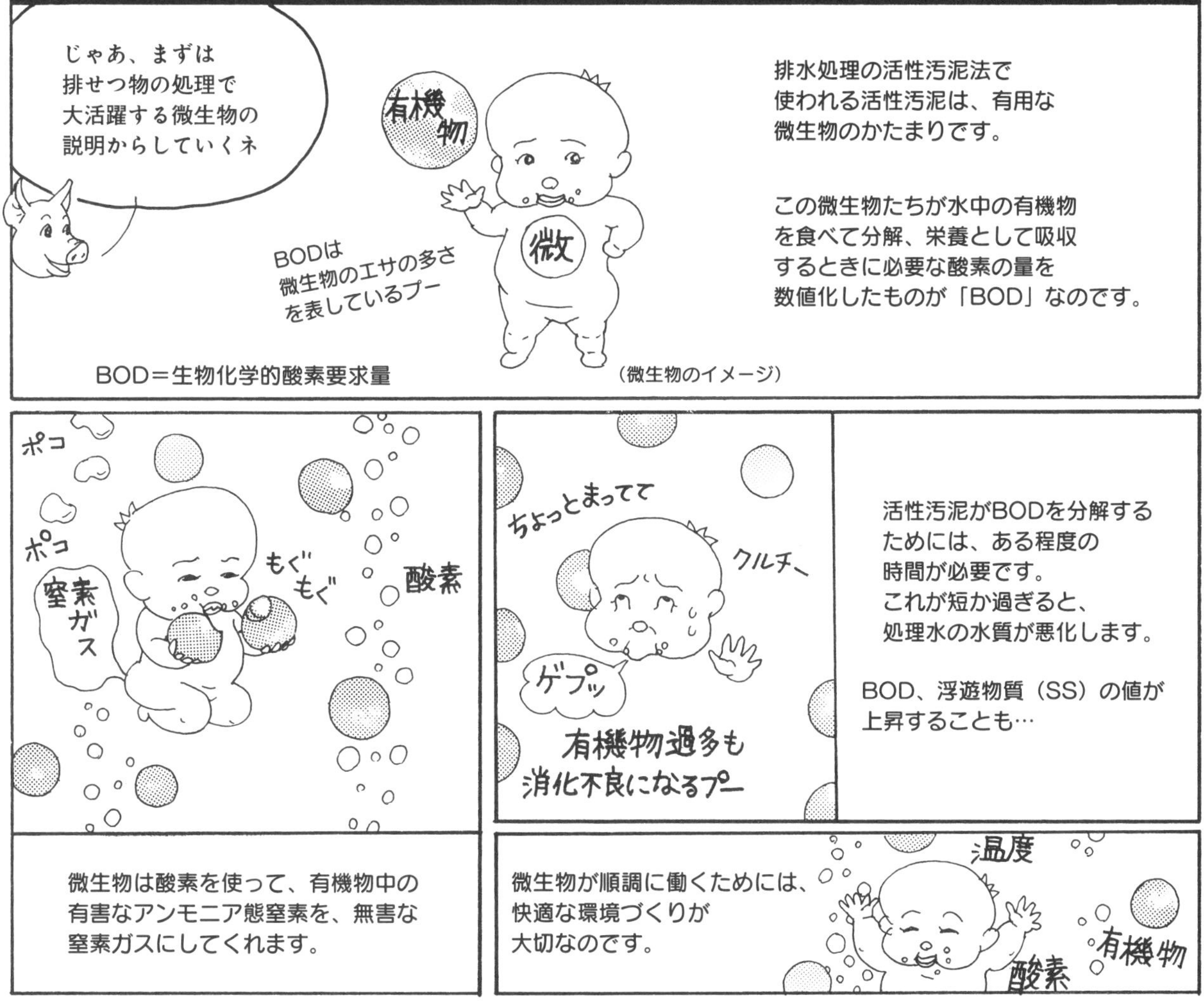
じゃあ、まずは排せつ物の処理で大活躍する微生物の説明からしていくネ
有機物
微
BODは微生物のエサの多さを表しているプー
排水処理の活性汚泥法で使われる活性汚泥は、有用な微生物のかたまりです。
この微生物たちが水中の有機物を食べて分解、栄養として吸収するときに必要な酸素の量を数値化したものが「BOD」なのです。
BOD＝生物化学的酸素要求量
（微生物のイメージ）
ポコ
ポコ
窒素ガス
もぐもぐ
酸素
微生物は酸素を使って、有機物中の有害なアンモニア態窒素を、無害な窒素ガスにしてくれます。
ちょっとまってて
クルチ〜
ゲプッ
有機物過多も消化不良になるプー
活性汚泥がBODを分解するためには、ある程度の時間が必要です。
これが短か過ぎると、処理水の水質が悪化します。
BOD、浮遊物質（SS）の値が上昇することも…
微生物が順調に働くためには、快適な環境づくりが大切なのです。
温度
酸素
有機物

微生物が有機物を
分解する、って
意外と複雑
なのね
へーっ
すごーい
エサとか処理時間とか、
微生物にとって
居心地のよい状態を
つくることが大切なんだ
そうだヨ。
ふん尿処理は微生物の力が
すべてなんだ。
活性
汚泥
微生物に最大限の
パフォーマンスを出して
もらうためには、状態を
見極める経験と技術が
大切になるんデス
ありがとう！
これで場長の説明が
理解しやすくなるよ
＊ふんのたい肥化＊
私たちの仕事には、
いくつかの法律が
かかわっています。
ふん尿処理に
関するものは
「環境三法」と
呼ばれています。
＜農業環境三法（2004年11月1日より発効）＞
①家畜排せつ物の管理の適正化および利用促進に関する法律
（家畜排せつ物法）
②肥料取締法の一部を改正する法律（改正肥料取締法）
③特続性の高い農業生産方式の導入の促進に関する法律
（持続農業法）
場長、法律が
できたのには何か理由が
あるんですか？
そうです
年々農場規模が大きく
なるにつれ、
ふん尿量も増えて
きました。
これにより、
昔ながらの野積みや
素掘り穴での処理では、
自然浄化できなく
なってしまったのです
この結果、悪臭やハエなどの
発生を招くこととなり、
農場外の環境を悪化させる
ことになりました。
生産者のモラル低下です
養豚場からの
悪臭の苦情は
いまだに
多い現状が…
これを規制するために
つくられたのが
環境三法なのデス
確かに。入社するまでは、
養豚場は臭くて汚いもの
だと思っていました
んー
田舎のにおいって
言えば聞こえは
いいけど、限度が
あるものねぇ…
実際に施設を見る前に、
たい肥をつくる目的と
ポイントを確認しておこう
たい肥

たい肥化の目的
①豚ぷんの汚物感や悪臭をなくす
②衛生的かつ取り扱いやすい状態にする
③作物や土壌に無害なものにする
④有機性資源リサイクルに貢献する
環境を汚染しないために
大切なことばかりだネ
たい肥化の主役は微生物
微生物は汚れの素となる
アンモニアを分解してくれるけれど、
非常に小さくて
環境の変化に敏感なんだ。
豚と一緒だね
だから毎日の観察が
大事なのね
たい肥化のポイント
①栄養源
②水分の調整
③空気の供給
④好気性菌の混入
⑤温度の維持
⑥たい肥化の技術
と期間
要は微生物の
働きやすい状態を
つくる、
ということですね
そして、いよいよ現場へ
ふん尿は、サイト１、サイト２
から集めて、ここで処理します。
うちの農場では、
バイオセキュリティの観点から、
専任担当者である常務だけが
この施設で働いています
通気式発酵たい肥舎
場長、１日にどれくらいの
量のふん尿が
出るんですか？
余剰汚泥？
あとで出て
くるのかな
そうですね。
うちの農場では、１日に
生ふんと余剰汚泥を合わせて
だいたい12〜13ｔ。
尿や洗浄水は
約50㎥を処理します
ふんの量は、在庫頭数や飼料の
内容・形状によって大きく変化します
快適な季節で、飼料の消費量が
多いときはふんも多く出るので、
担当者とよく打ち合わせを
しています
常務

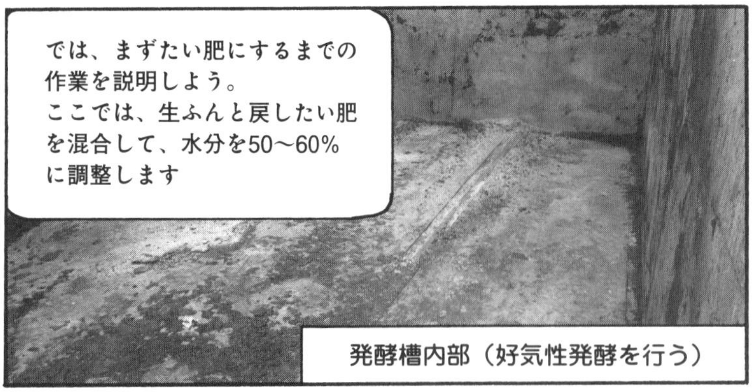
では、まずたい肥にするまでの作業を説明しよう。
ここでは、生ふんと戻したい肥を混合して、水分を50～60%に調整します

発酵槽内部（好気性発酵を行う）

あのー、戻したい肥って何ですか？
生ふんと混ぜるのは何か意味があるんですよね？

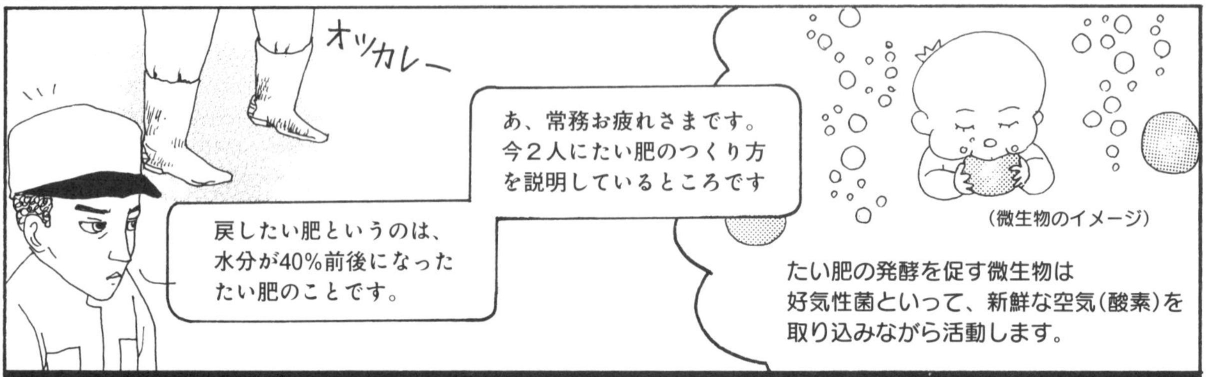
オツカレー
あ、常務お疲れさまです。今２人にたい肥のつくり方を説明しているところです
戻したい肥というのは、水分が40%前後になったたい肥のことです。
（微生物のイメージ）
たい肥の発酵を促す微生物は好気性菌といって、新鮮な空気(酸素)を取り込みながら活動します。

＊たい肥化処理の方法＊

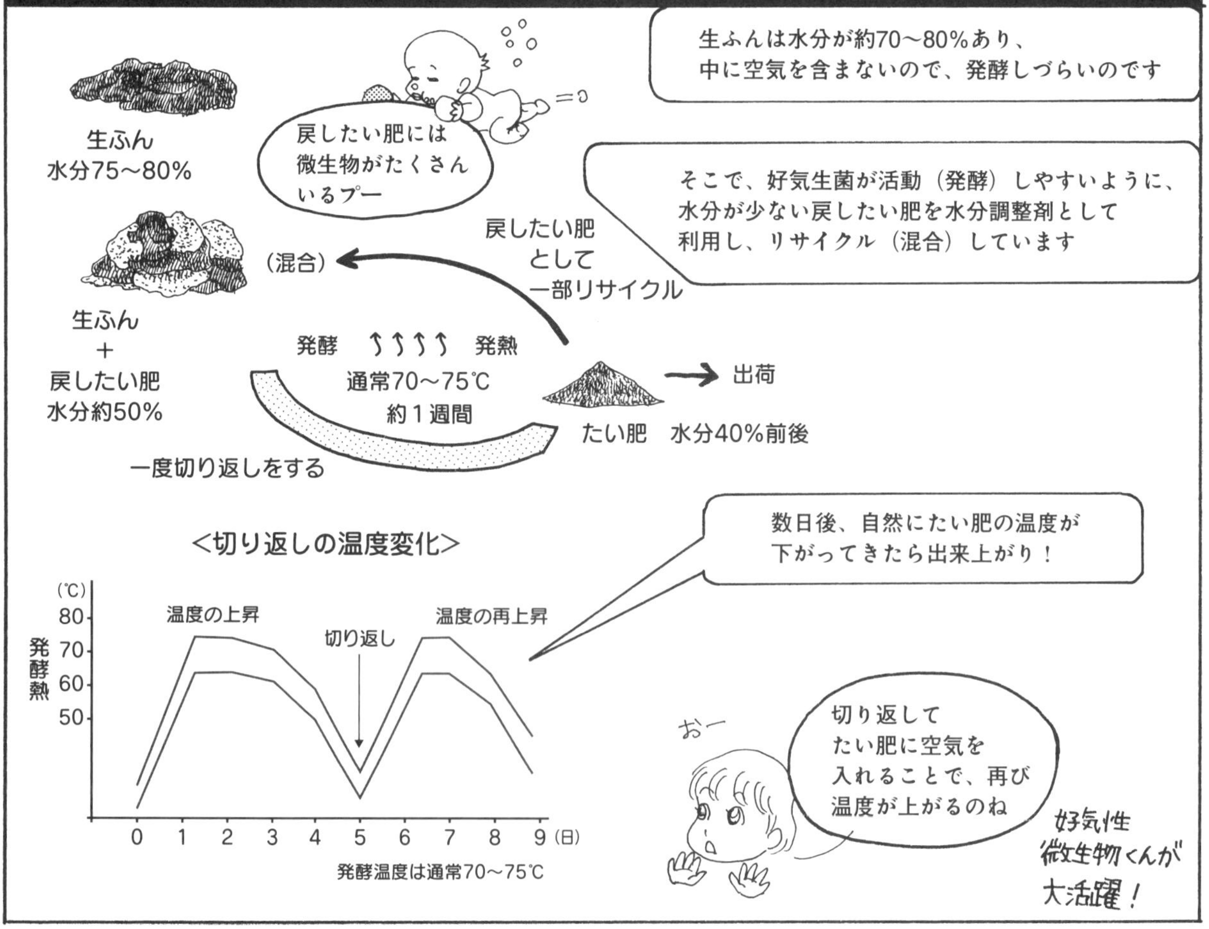
生ふんは水分が約70～80%あり、中に空気を含まないので、発酵しづらいのです
生ふん 水分75～80%
戻したい肥には微生物がたくさんいるプー
そこで、好気生菌が活動（発酵）しやすいように、水分が少ない戻したい肥を水分調整剤として利用し、リサイクル（混合）しています
（混合）
戻したい肥として一部リサイクル
生ふん ＋ 戻したい肥 水分約50%
発酵 発熱
通常70～75℃ 約１週間
出荷
たい肥 水分40%前後
一度切り返しをする
＜切り返しの温度変化＞
数日後、自然にたい肥の温度が下がってきたら出来上がり！
(℃)
80
70
60
50
発酵熱
温度の上昇
切り返し
温度の再上昇
0 1 2 3 4 5 6 7 8 9 (日)
発酵温度は通常70～75℃
おー
切り返してたい肥に空気を入れることで、再び温度が上がるのね
好気性微生物くんが大活躍！

たい肥舎
生ふんの水分量を見ながら戻したい肥と混合します
製品置き場
混合場所・生ふん置き場
発酵したたい肥はかさが減るので、場所を取りません
発酵槽
戻したい肥
1
2
3
4
5
6
発酵槽は月曜日から金曜日までの５日間ローテーションで使用すっと。毎日１槽ずつたい肥を仕込んどるけん、いつもたい肥があるとよ
ナルホド
常務、この穴の開いた塩ビ管はなんですか？
ブロアー配管
これは空気を送るための送風パイプたい。たい肥に空気を送ってやると、微生物が活性化して温度が上がると
ガンバルプー
酸素でゲンキモリモリ
夏場と冬場では、送り込む空気量を変えるとよ。夏場はたい肥１㎥当たり空気0.11㎥たい。冬場はその半分くらいでよか。ただし、外気温を見ながらの調整が重要たい
適度な水分が必要なのね
乾燥し過ぎると発酵しなくなるから注意！

生ふんと戻したい肥の混合割合は、夏場は生ふん「1」に対して、戻したい肥「3」。これで水分が50%前後になると。冬場は1：4の割合たい
水分50%っていっても、よく分からないです…
ぎゅっ
水分50%の混合たい肥は、こうやって握ると少し固まるくらいです
でも、手を広げるとこの通り。すぐに形が崩れてぽろぽろになる。このくらいになるまで、ホイールローダーで混ぜます
ぽろり
その通り。たい肥の仕込みはバケットですくい、持ち上げて落とす。これを繰り返して均一になるように混ぜると
なるほど。たい肥がきちんと混ざっているか、発酵がきちんと進んでいるかは、やっぱり人の感覚と技術が必要なのか
うまく混ざっていないと発酵のムラができて、よかたい肥ができんとよ
この繰り返し
すくって持ち上げ
上から落とす
(川畑メモより)
豚を飼うことも、ふん尿処理も、農場の仕事の中では同じくらい重要ばい
俺は、ふん尿処理という最後のところまで理解できて初めて、よかストックマンになれると思うと
ひょっとしたら、社会貢献ができるような養豚を続けていくという意味では、ふん尿処理のほうが大切かもしれませんね
ね？
つづく

サァ、次は
排水処理施設を見ていくよ。
ここもたい肥化と
同じくらい重要なところで、
五感と技術が
求められるんだ
たい肥舎の説明で
登場した微生物くんが
また出てくるんだよね

第16話　ふん尿処理を知ろう―排水処理―

ここでは、排水処理を
活性汚泥法という
方法で
行っています。
活性汚泥と
いうのは
有用な微生物のかたまりよね。
その活性汚泥に
原水を投入して、
酸素が
入るように
撹拌すると
微生物が
有機物を食べて
どんどん増える。
そして原水に含まれる
アンモニア態窒素を
無毒にするんだよね
133ページを
見直してみてね
えっと、原水中の
固形物は
ふんのほかに、
未消化物とか
こぼした飼料
とか…だっけ
つっ
おー。
メモなしで
よく覚えて
いたね！
パチパチ
あとは
腸内細菌
なども
含まれるよ
ついでに
思い出したわ
そういえば！
確か豚の排せつ物
のBODってヒトに
比べて高いん
だったよね？
ウン
ソウダヨ
豚の排せつ物のBOD
きゃー
うちの農場は
母豚600頭一貫経営
だから…
人口３万～３万6,000
人相当だ！　うわー、
すごい処理量だ！
肉豚１頭当たりのBODは
人間の５～６倍。
母豚100頭一貫経営の農場は、
人間のし尿のBOD換算で
5,000～6,000人に匹敵するんデス
そうなんだ。
だから処理に膨大なコスト
がかかるのね。環境汚染の
ことを考えると、
手が抜けないわね

そんなすごい量の汚水を処理するなんて、養豚場の排水処理施設ってすごいんだね
アレ？
で、どんな風に処理するんだい？
そういえば、僕が担当するサイト２は農場の７割近い豚を飼っているんだったよね。ということは、ふん尿の量も多いし、汚水量の増減に一番影響するんじゃあ？
？

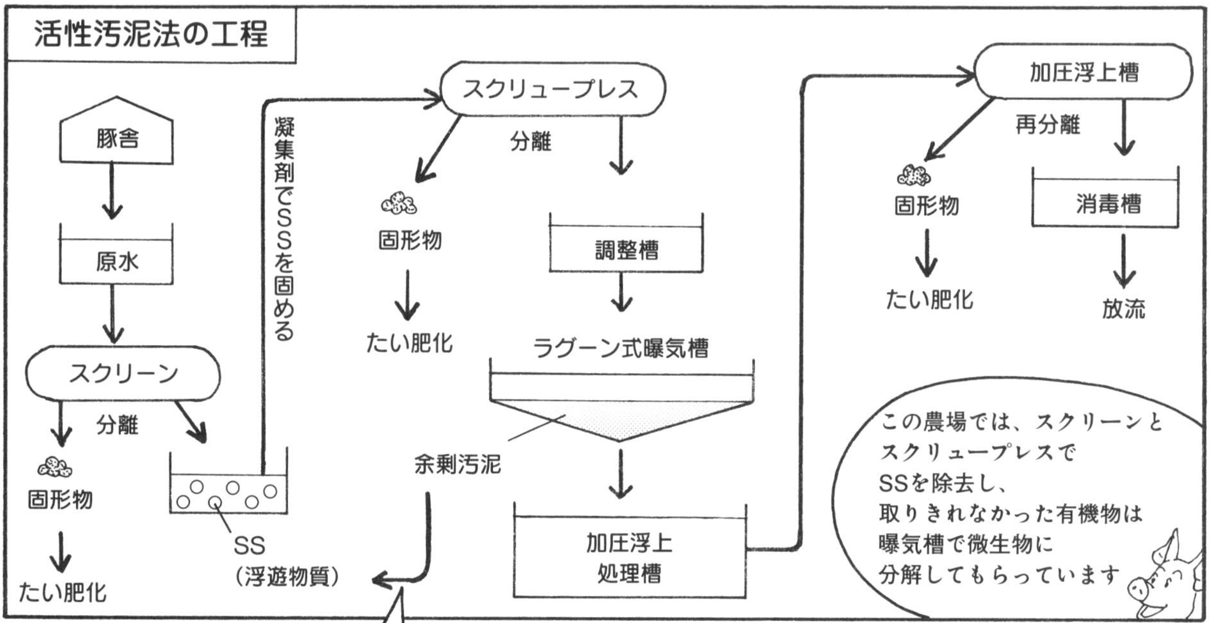
活性汚泥法の工程
豚舎
原水
スクリーン
分離
固形物
たい肥化
SS
（浮遊物質）
凝集剤でSSを固める
スクリュープレス
分離
固形物
たい肥化
調整槽
ラグーン式曝気槽
余剰汚泥
加圧浮上
処理槽
加圧浮上槽
再分離
固形物
たい肥化
消毒槽
放流
この農場では、スクリーンとスクリュープレスでSSを除去し、取りきれなかった有機物は曝気槽で微生物に分解してもらっています

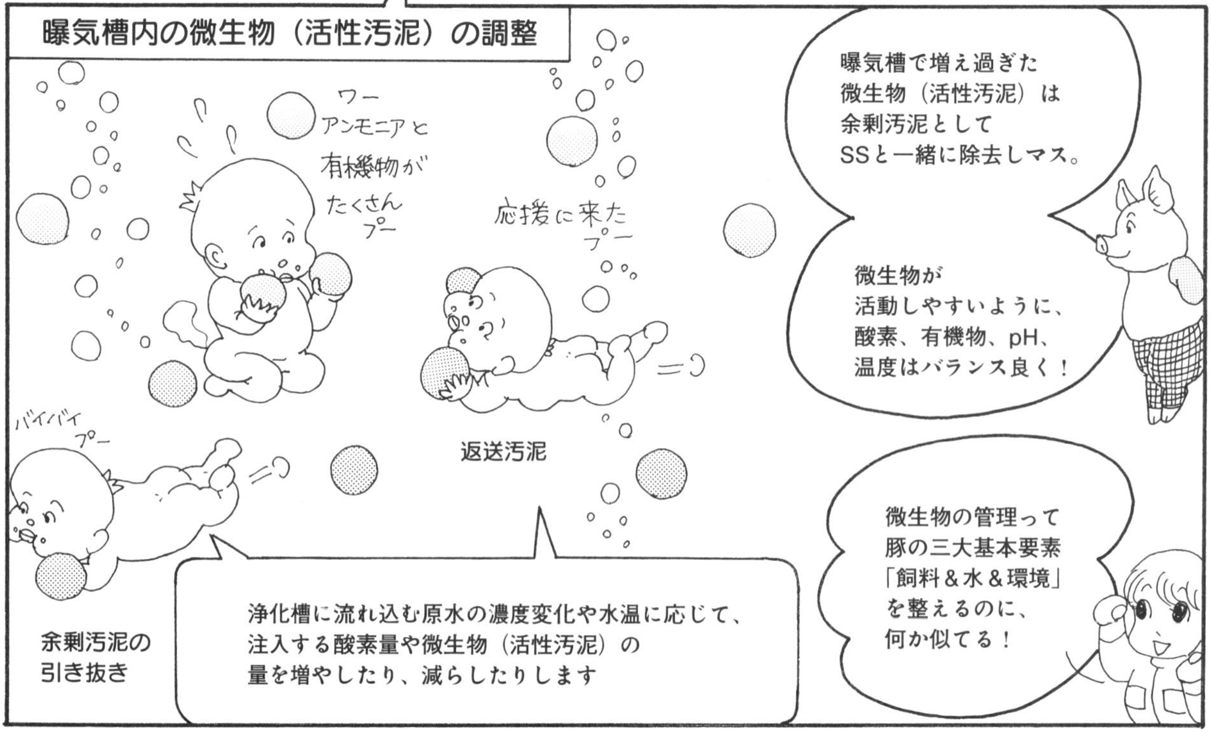
曝気槽内の微生物（活性汚泥）の調整
ワーアンモニアと有機物がたくさんプー
応援に来たプー
返送汚泥
バイバイプー
余剰汚泥の引き抜き
浄化槽に流れ込む原水の濃度変化や水温に応じて、注入する酸素量や微生物（活性汚泥）の量を増やしたり、減らしたりします
曝気槽で増え過ぎた微生物（活性汚泥）は余剰汚泥としてSSと一緒に除去しマス。
微生物が活動しやすいように、酸素、有機物、pH、温度はバランス良く！
微生物の管理って豚の三大基本要素「飼料＆水＆環境」を整えるのに、何か似てる！

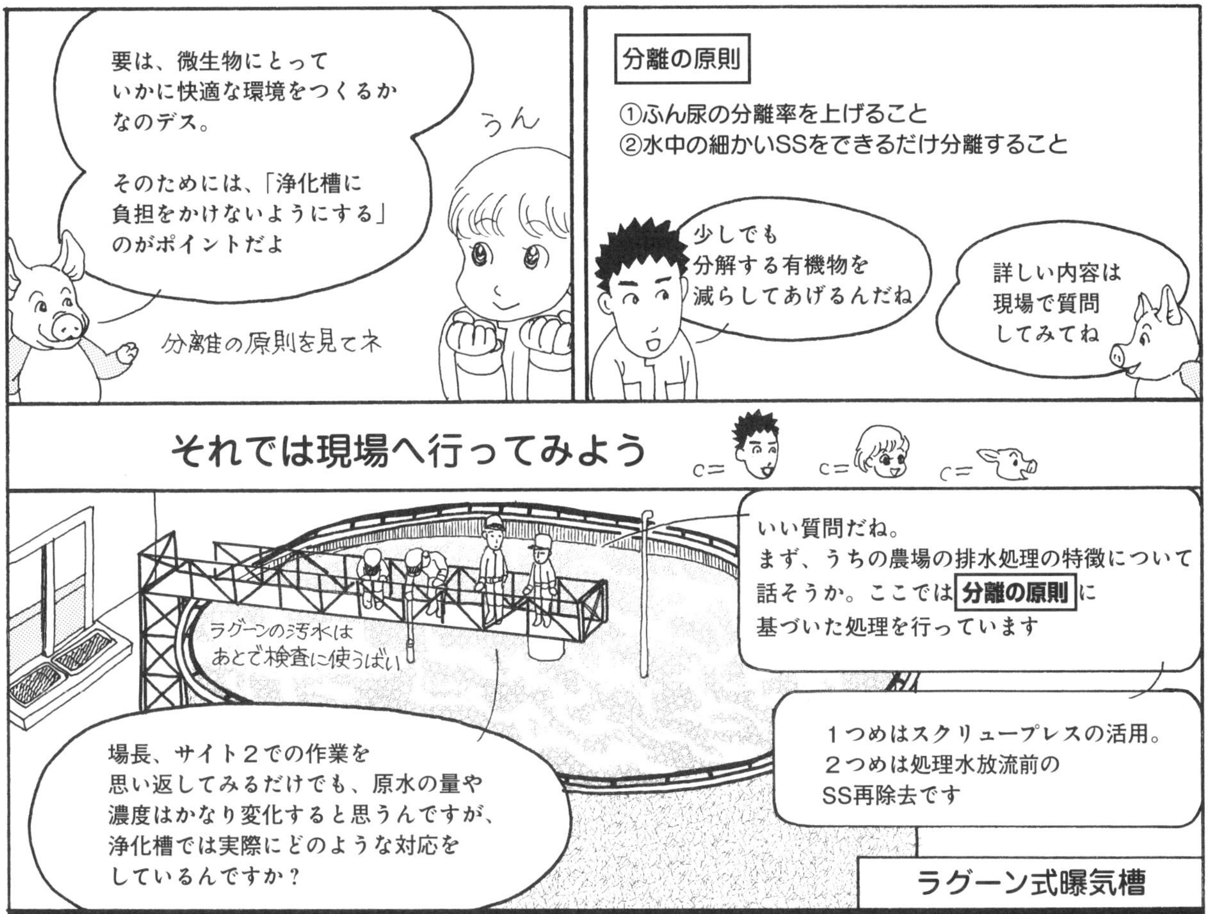
要は、微生物にとって
いかに快適な環境をつくるか
なのデス。
そのためには、「浄化槽に
負担をかけないようにする」
のがポイントだよ
うん
分離の原則を見てネ
分離の原則
①ふん尿の分離率を上げること
②水中の細かいSSをできるだけ分離すること
少しでも
分解する有機物を
減らしてあげるんだね
詳しい内容は
現場で質問
してみてね
それでは現場へ行ってみよう
場長、サイト２での作業を
思い返してみるだけでも、原水の量や
濃度はかなり変化すると思うんですが、
浄化槽では実際にどのような対応を
しているんですか？
ラグーンの汚水は
あとで検査に使うばい
いい質問だね。
まず、うちの農場の排水処理の特徴について
話そうか。ここでは分離の原則に
基づいた処理を行っています
１つめはスクリュープレスの活用。
２つめは処理水放流前の
SS再除去です
ラグーン式曝気槽

＊①スクリュープレスの活用＊

［曝気前の固液分離］

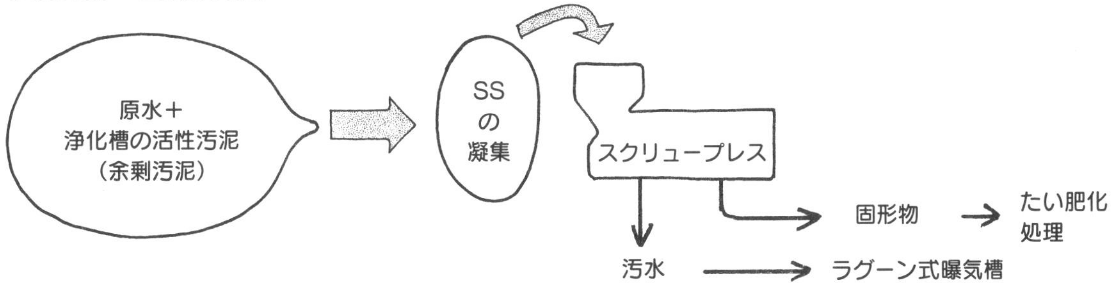
原水＋
浄化槽の活性汚泥
（余剰汚泥）
SS
の
凝集
スクリュープレス
固形物
たい肥化
処理
汚水
ラグーン式曝気槽

スクリュープレスは脱水機の１つです。

＜長所＞SSを除去することで、BODを低減させることができる
＜欠点＞凝集剤を多く使うため、ランニングコストが上がる

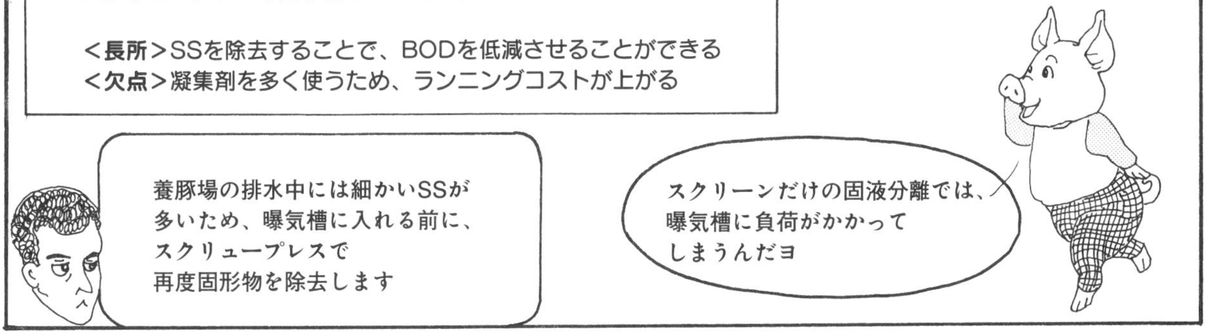
養豚場の排水中には細かいSSが
多いため、曝気槽に入れる前に、
スクリュープレスで
再度固形物を除去します
スクリーンだけの固液分離では、
曝気槽に負荷がかかって
しまうんだヨ

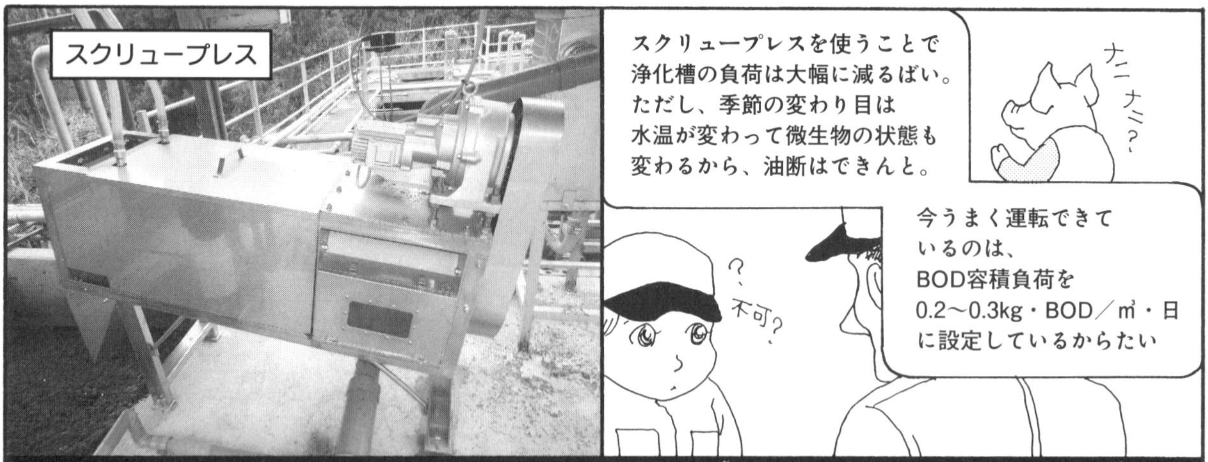
スクリュープレス
スクリュープレスを使うことで浄化槽の負荷は大幅に減るばい。ただし、季節の変わり目は水温が変わって微生物の状態も変わるから、油断はできんと。
ナニナニ？
？不可？
今うまく運転できているのは、BOD容積負荷を0.2～0.3kg・BOD／㎥・日に設定しているからたい

＊BODの容積負荷とは？＊

BOD容積負荷は、「1㎥の曝気槽で1日当たりどれだけのBODを処理するか」という数値だヨ
そうか。曝気槽中のBOD濃度が低ければ、微生物は活動しやすいし、変化に対する余裕ができるものね
いつでもくるプー
へっちゃらプー

ちなみに、原水のBODとSSは、豚舎内での分離方法や滞留時間によって違いがありますが、おおむね以下のようになります。

＜表1　肥育豚のふん尿の基礎数値＞

区分	尿汚水量	BOD量	SS量
豚舎内でふん尿分離	15ℓ／頭・日	50g／頭・日	80g／頭・日
ふん尿混合	20ℓ／頭・日	200g／頭・日	435g／頭・日

「家畜ふん尿の処理施設の設計・審査技術」（財）畜産環境整備機構

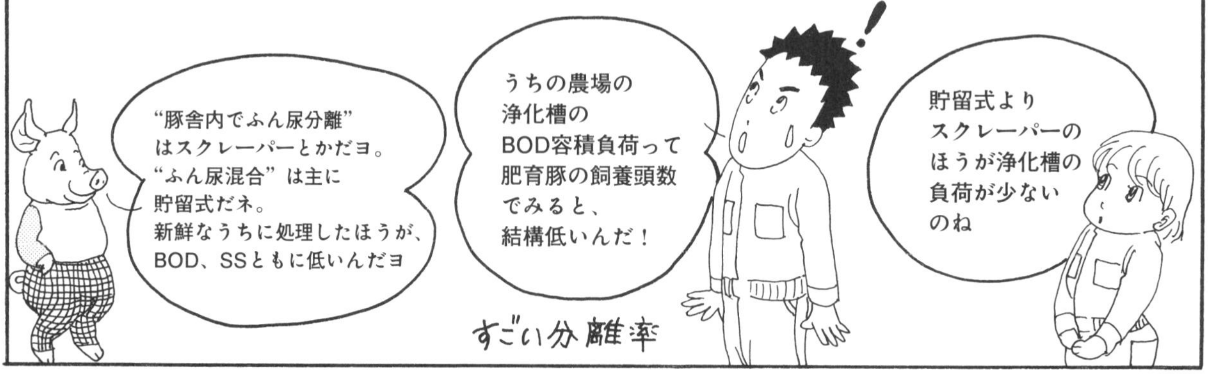
“豚舎内でふん尿分離”はスクレーパーとかだヨ。“ふん尿混合”は主に貯留式だネ。新鮮なうちに処理したほうが、BOD、SSともに低いんだヨ
うちの農場の浄化槽のBOD容積負荷って肥育豚の飼養頭数でみると、結構低いんだ！
!
貯留式よりスクレーパーのほうが浄化槽の負荷が少ないのね
すごい分離率

＊処理水放流前のSS除去＊

放流に関しての法律は
水質汚濁防止法ですが、
昔に比べて排水基準が
厳しくなってきとるばい
都道府県に
よってはさらに
上乗せ基準が
あるんだヨ

＜表２　排水基準を定める省令（健康項目）＞

区分	畜産に関連する有害物質	許容限度	適用区域	規制対象となる特定事業場
健康項目	アンモニア、アンモニウム化合物、亜硝酸化合物および硝酸化合物	100㎎／ℓ【1,500㎎／ℓ】アンモニア性窒素×0.4＋亜硝酸性化合物＋硝酸性化合物	全国一律	すべての特定事業場（排水量規模の設定はなく、１日当たり平均50㎥未満も適用）

＜表３　排水基準を定める省令（生活環境項目）＞

区分	畜産に関連する項目	許容限度	適用区域	規制対象となる特定事業場
生活環境項目	水素イオン濃度	5.8以上8.6以下（海域は5.0以上9.0以下）	全国一律	１日当たり平均50㎥以上の特定事業場に適用
	BOD	160㎖／ℓ（120）		
	COD	160㎖／ℓ（120）		
	SS	200㎎／ℓ（120）		
	大腸菌群	平均3,000個／cc・日		
	窒素含有量	120㎎／ℓ（60）【190㎎／ℓ（150）】	告示により定められた湖沼および海域の流入域に限り適用	
	リン含有量	60㎎／ℓ（8）【30㎎／ℓ（24）】		

表２、３は国が定めている全国一律の規制値で、厳しい都道府県では、BODが１日平均20㎎／ℓ、SSが１日平均30㎎／ℓと人の浄化槽並みのところもあります。

再び
きしゃー
そういえば、
肉豚のBODは
ヒトの５～６倍だったよね。
なのにヒト並みまで
きれいにしなくちゃならない
なんて！
フフフ
うちの農場では、年間通じて
BOD量10㎎／ℓ以下、
SSは10㎎／ℓ以下と規制値は
十分クリアしているから、
安心して仕事をしてください

ところで常務、排水処理
の方法や法律をいろいろ
教えていただきましたが、
浄化槽の状態は実際
どうやって把握
しているのですか？
浄化槽では、
毎日の点検として
「SV30の測定」
という大事な仕事
があるばい
あと、さっきとった
曝気槽の
汚水は？

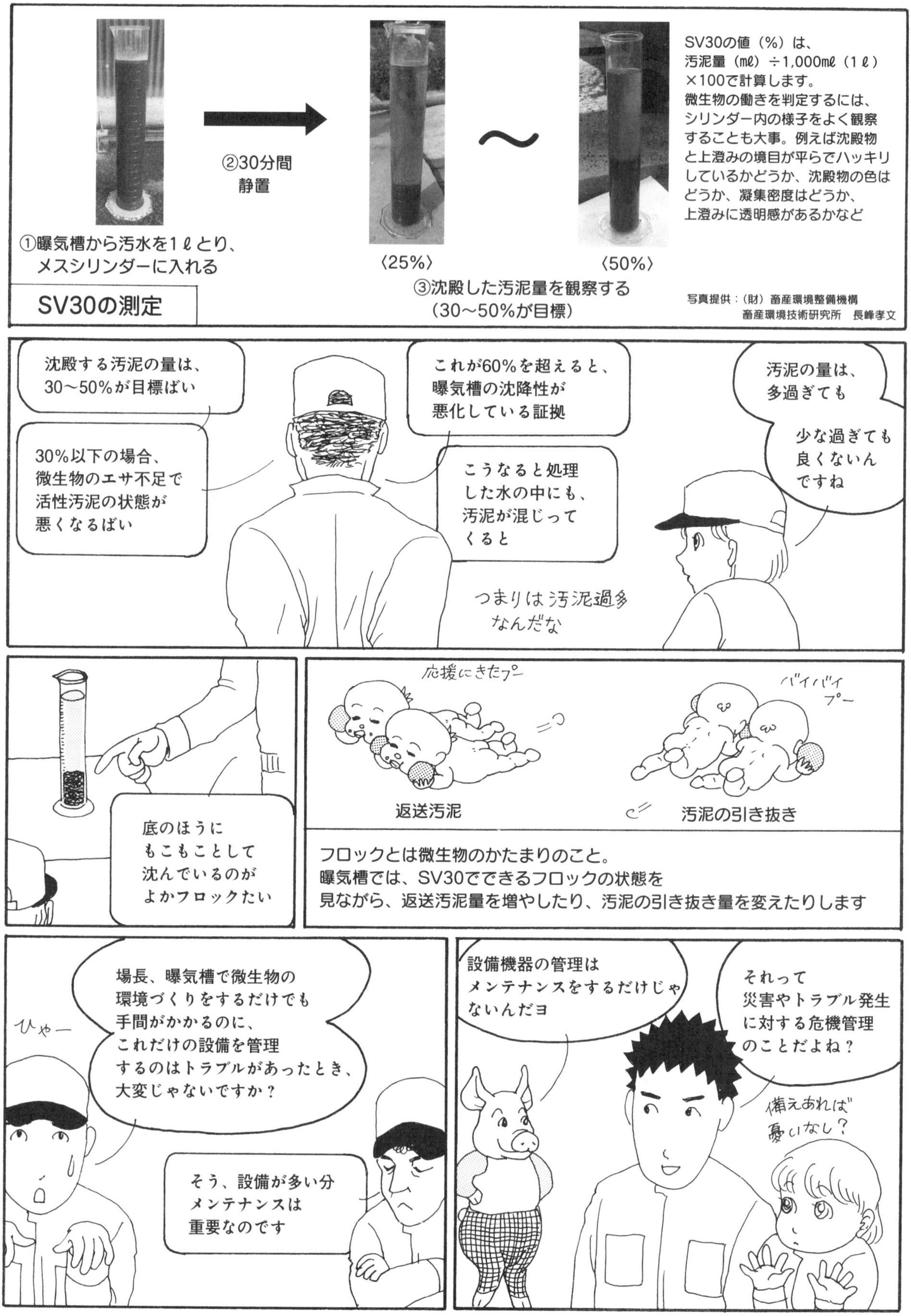
SV30の測定
①曝気槽から汚水を1ℓとり、
メスシリンダーに入れる
②30分間
静置
〈25%〉
〈50%〉
③沈殿した汚泥量を観察する
（30～50%が目標）
SV30の値（%）は、
汚泥量（mℓ）÷1,000mℓ（1ℓ）
×100で計算します。
微生物の働きを判定するには、
シリンダー内の様子をよく観察
することも大事。例えば沈殿物
と上澄みの境目が平らでハッキリ
しているかどうか、沈殿物の色は
どうか、凝集密度はどうか、
上澄みに透明感があるかなど
写真提供：（財）畜産環境整備機構
畜産環境技術研究所　長峰孝文
沈殿する汚泥の量は、30～50%が目標ばい
30%以下の場合、微生物のエサ不足で活性汚泥の状態が悪くなるばい
これが60%を超えると、曝気槽の沈降性が悪化している証拠
こうなると処理した水の中にも、汚泥が混じってくると
つまりは汚泥過多なんだな
汚泥の量は、多過ぎても
少な過ぎても良くないんですね
底のほうにもこもことして沈んでいるのがよかフロックたい
応援にきたプー
バイバイプー
返送汚泥
汚泥の引き抜き
フロックとは微生物のかたまりのこと。
曝気槽では、SV30でできるフロックの状態を
見ながら、返送汚泥量を増やしたり、汚泥の引き抜き量を変えたりします
ひゃー
場長、曝気槽で微生物の環境づくりをするだけでも手間がかかるのに、これだけの設備を管理するのはトラブルがあったとき、大変じゃないですか？
そう、設備が多い分メンテナンスは重要なのです
設備機器の管理はメンテナンスをするだけじゃないんだヨ
それって災害やトラブル発生に対する危機管理のことだよね？
備えあれば憂いなし？

＊設備の危機管理＊

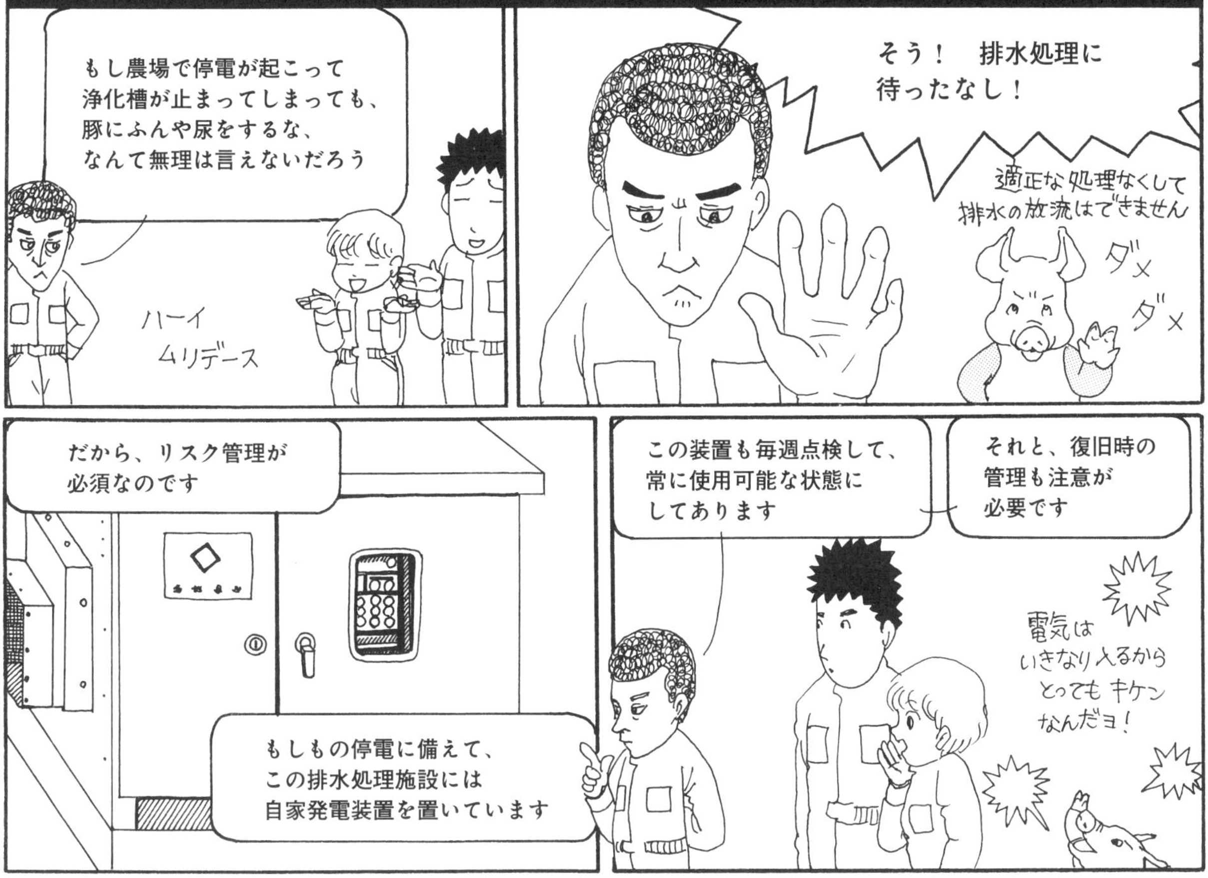

もし農場で停電が起こって
浄化槽が止まってしまっても、
豚にふんや尿をするな、
なんて無理は言えないだろう
ハーイ
ムリデース
そう！　排水処理に
待ったなし！
適正な処理なくして
排水の放流はできません
ダメ
ダメ
だから、リスク管理が
必須なのです
もしもの停電に備えて、
この排水処理施設には
自家発電装置を置いています
この装置も毎週点検して、
常に使用可能な状態に
してあります
それと、復旧時の
管理も注意が
必要です
電気は
いきなり入るから
とってもキケン
なんだヨ！

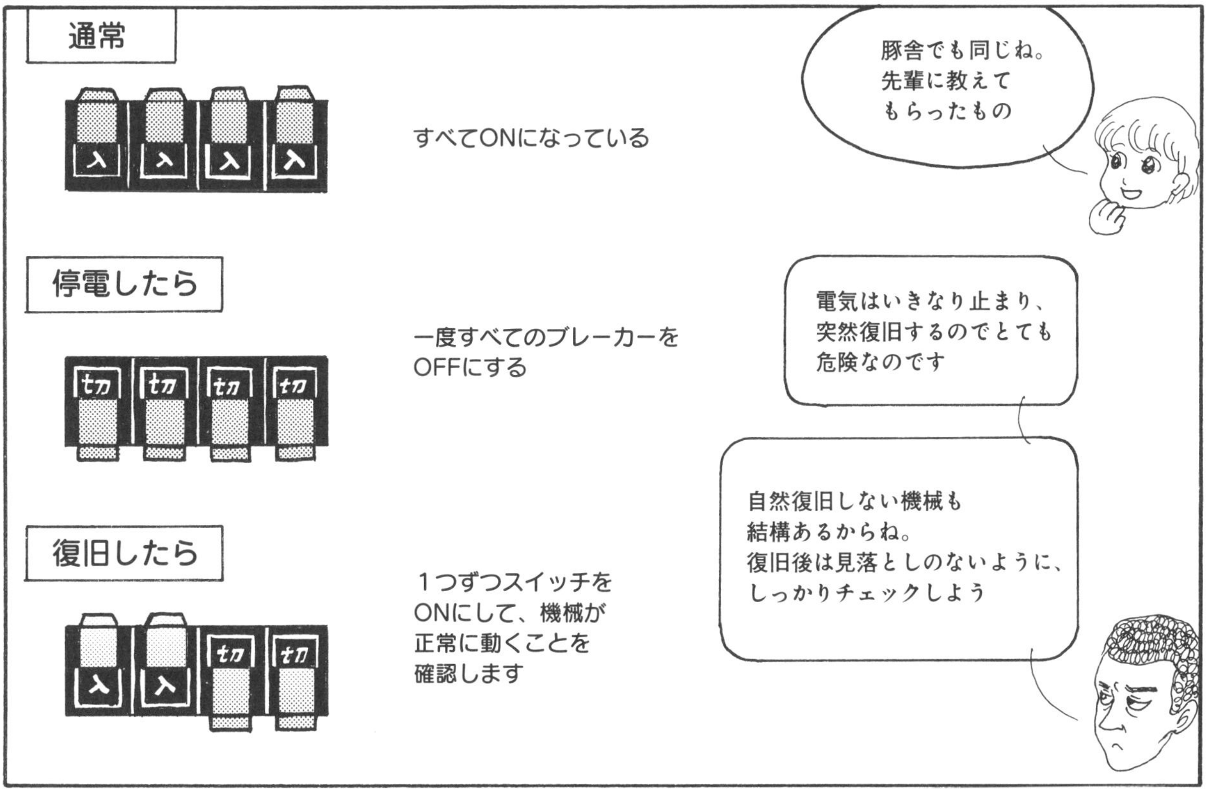

通常
入
すべてONになっている
停電したら
切
一度すべてのブレーカーを
OFFにする
復旧したら
1つずつスイッチを
ONにして、機械が
正常に動くことを
確認します
豚舎でも同じね。
先輩に教えて
もらったもの
電気はいきなり止まり、
突然復旧するのでとても
危険なのです
自然復旧しない機械も
結構あるからね。
復旧後は見落としのないように、
しっかりチェックしよう

＊排水処理施設まとめ＊

ここで説明した通り、適切なふん尿処理なしに豚を飼うことはできないんだ。
君たちが日々安心して管理ができるのも、ふん尿が適切に処理されているからなんだよ
おいしい豚肉をつくるには、ほかの部署と連携を取りながら、スムーズに仕事をすることが大切なんだ
君たちはどう思ったかな
私は、普段豚舎の中でしか仕事をしていませんが、ふん尿処理まですべてが「豚の生産」にかかわっているんだと実感しました
だから、農場を取り巻く環境も忘れずに「豚の三大基本要素」を日々考えつつ、
「五感」を鍛えたいと思います
僕は、季節の変化や肉豚の出荷状況が、ふん尿処理、ひいては浄化槽の負荷に関係しているなんて考えもしませんでした
でもその変動もある程度の規則性があれば、少しは浄化槽の調整もしやすくなるのでは？ と気づいたんです
うん うん
！
それで改めて、豚の生産にとって「定時・定量」がいかに大切なのかを知りました
だから計画的な作業というのは、作業をしている担当者だけの問題じゃないんだと思いました！
今まで感覚第一でやってきたけど、川畑さんはちゃんと周りが見えているのね
ワタシモ ガンバロウ

（その日の園田メモより）

・ふん尿処理では微生物が活躍する
・曝気槽の活性汚泥量は、SV30で検査。フロックが30～50％程度が適当
・SV30は毎日する点検。フロックは微生物のかたまり
・曝気槽の負荷低減のために、SSを徹底的に除去する
・増え過ぎた活性汚泥（余剰汚泥）は取り除く
　足りないときは再利用（返送汚泥）する
・五感＋周囲環境（ヒトや自然）を考えた養豚

めざせ！ 管理のプロフェッショナル！
イエーイ

最終話　めざせ！　養豚場の星

さあ、今日から
わが社で研修ですね
君のお父さんには
大変お世話になっているんですよ
はい、よろしくお願いします
ご実家とでは、
同じ養豚場といっても
やり方や考え方が違う
こともあるでしょう
でも、何事にも
「うちが間違っている」
「この農場の方法は違う」
という先入観を持たずに
チャレンジしてみてください
はい、分かりました
君には研修を行う１年間、全ステージを回って
勉強してもらいます
まずサイト１で、交配・分娩の仕事をそれぞれ３ヵ月、
その後サイト２で離乳・肥育・出荷の管理を６ヵ月です
研修の間は、そのステージの
担当者に世話係をやって
もらいます
もうすぐここに２人が
挨拶に来るよ
失礼します
どうぞ
（どんな人なんだろう…？）
こちらは分娩豚舎担当の園田さん、
あちらが離乳・肥育担当の川畑くんだ
ヨロシク
コンニチワ
２人とも昨年入社したばかりだけど、
この１年よく勉強してとても成長しました
よろしくお願いします

園田さん、川畑くん。人に仕事を教えるためには、何より自分がよく理解していないといけません
うまく説明できないことや分からないことは、誤魔化さずにすぐに調べたり、先輩に聞いたりすること。
それが自分の復習にも役立つのですよ
君も分からないことは恥ずかしいことではないのだから、先輩には理解できるまで何度でも聞いてください
はい
きちんと理解できて初めて、自分で正しい判断ができる優秀なストックマンになれるのです
２人とも、よろしくお願いしますよ
任せてください
頑張ります
バイバーイ
さあ、君も管理のプロを目指して、私たちと一緒に頑張りましょう！
おわり

■著者プロフィール

原案：池《いけ》田《だ》 慎市《しんいち》

東京農業大学大学院卒業。セントラルファーム㈱に入社後、管理、種豚販売先の技術フォローなどを経て、従業員トレーニングプログラム習得のため、デカルブ社（アメリカ）カンザスファームへ異動。帰国後はセントラルファーム㈱で場長を務めた。その後、日本農産工業㈱に入社。2013 年に㈱ジャパンファーム入社。2017 年より、ジャパンファームホールディングス㈱顧問。技術士（農業部門）。

マンガ：クシキノ アイラ（勝呂《かつろ》 ゆりか）

麻布大学獣医学部卒業。養豚場、製薬メーカー、畜産関連団体に勤務後、畜産関連のイラスト・マンガを制作。獣医師。

めざせ！　養豚場の星

Midori Shobo Co.,Ltd

2012年7月1日　第1刷発行
2018年4月1日　第2刷発行

■原案／池田 慎市

■マンガ／クシキノアイラ

■発行者／森田　猛

■発行所／株式会社 緑書房
〒103-0004
東京都中央区東日本橋3丁目4番14号
TEL 03-6833-0560
http://www.pet-honpo.com

■印刷・製本／共同印刷株式会社

落丁・乱丁本は、弊社送料負担にてお取り替えいたします。
ISBN978-4-89531-029-1　Printed in Japan

■カバー・本文デザイン／大塚 さやか、株式会社 ライラック